草原生態学

生物多様性と生態系機能

大黒俊哉・吉原 佑・佐々木雄大 [著]

東京大学出版会

Grassland Ecology:
Biodiversity and Ecosystem Functioning
Toshiya OKURO, Yu YOSHIHARA and
Takehiro SASAKI
University of Tokyo Press, 2015
ISBN978-4-13-062225-7

はじめに

　現在，気候的極相としての「草原」の面積は約 35 億 ha，全陸地面積の約 25% を占めている．これに，人為的に維持されているもの，遷移の途中段階にあるものを含めると，その面積は 40 億 ha 以上になる．さらに，放牧地として利用されている range，高緯度地域のツンドラや高山草原などを加えると，草原は全陸地面積の半分以上に達するという．気候的極相としての草原が主に分布する乾燥地はまた，攪乱や気候変動に対する脆弱性の高い気候地域であると同時に，全人口の 3 分の 1 の人々の暮らしを支える生活の場でもある．そのため，草原生態系の保全と持続的利用は，グローバルな環境問題への対処という観点からもきわめて重要である．とりわけ，中国内蒙古からモンゴルにかけて広がるステップ草原では，市場経済化の進展や畜産物に対する需要増加にともない，従来の放牧システムが変容し，草原の荒廃化が急速に進行している．北東アジアにおける草原の荒廃は，黄砂等を通じて日本へ影響を及ぼすことも懸念され，その解決が急務である．

　一方日本では，気候的極相として森林が成立するため，草原の多くは，人為的な働きかけによって維持されてきた半自然草地である．かつては，草地農業（放牧）が行われる山地・傾斜地のみならず，平地・台地においても役畜の飼料や自給肥料等の供給地として広範に分布し，里山ランドスケープの主要な構成要素の 1 つであった．しかし，明治・大正期には国土面積の 1 割以上を占めていた草地は戦後，資源としての価値を急速に失い，現在では 3% 程度にまで減少している．その結果，草原性動植物の多くが消失の危機に瀕しており，半自然草地の保全・再生が生物多様性保全の観点から急務の課題となっている．

　わが国において，草原・草地を対象とした生態学はこれまで，草地農業と

密接に結びつきながら発展し，家畜生産の向上に貢献する多くの成果をあげてきた．とくに最近では，グローバルな視点から草原生態系を捉え，その生態系機能や環境変化との関連についての研究が進められている．草原生態系と密接に関連する地球環境問題としては，「砂漠化」「気候変動（地球温暖化）」「生物多様性」があげられるが，これらは奇しくも，1992 年の「環境と開発に関する国連会議（地球サミット）」を契機として生まれた三つ子の条約，すなわち「砂漠化対処条約」「気候変動枠組条約」「生物多様性条約」と対応する．これと関連して，小泉ら (2000) は『草原・砂漠の生態』の中で，草原生態系におけるグローバルな環境変化として砂漠化と気候変動を取り上げ，それらが草原生態系に及ぼす影響について詳細に論じた．私も著者のひとりとして，砂漠化に関する章を中心に執筆に参加したが，このときに十分議論できなかったのが「生物多様性」に関する問題である．

その後 15 年近くが経過し，草原生態系を対象とした環境研究は大きく進展した．とくにこの間，ミレニアム生態系評価の実施等を通じて，生物多様性と生態系機能および生態系サービスの評価に関する研究分野は著しい進展をみせた．さらに，砂漠化と気候変動，気候変動と生物多様性，生物多様性と砂漠化など，地球環境問題間の相互作用についての研究も進み，草原生態系における地球環境問題への統合的対処の重要性が認識されるに至った．

私自身，2006 年に農業環境技術研究所から東京大学に異動し，それまでの中国・内蒙古における砂漠化研究を継続するとともに，モンゴルにおける草原生態系の環境修復に関する研究を実施する機会を得ることができた．私にとって幸運だったのは，多くの優秀な学生たちとともにフィールド研究を進めることができたことである．本書の共著者である吉原・佐々木両君はそれぞれ，モンゴルの草原をフィールドとして独創的な博士論文をまとめ，その後も国内外の草原を相手に，精力的な研究を展開している．本書の企画・執筆も，若きエネルギーに溢れた二人の熱意に後押しされて進められたというのが本当のところである．

本書は，グローバルな食料生産と環境保全の両面において重要な生態系である「草原」を対象に，「生物多様性」と「生態系機能」という切り口から，生態学研究の最前線を紹介し，草原の保全と持続的利用に向けた草原生態学の役割と課題を展望するものである．本書では，著者らが北東アジアの草原

を対象に20年以上にわたって行ってきた研究実績を土台にしつつ，生物多様性と生態系機能に関する最新の成果を概観できるよう，できるだけ新しい文献を引用しながら執筆するように努めた．

本書は6章からなる．第1章では，世界の草原の分布と現状について概説する．まず，世界の草原について，その分布・生態を地域ごとに紹介した後，どのような生態系サービスがあるのかを述べる．つぎに草原の代表的土地利用である牧畜の特徴を紹介した後，草原が現在直面する問題について，オーバーユースおよびアンダーユースの観点から論じる．

続く第2章から第5章が，本書の中心的部分となる．第2章では，草原生態系を特徴づける攪乱について論じる．まず，主要な攪乱要因である放牧の影響について，採食，移動（踏圧），排泄といった行動ごとに概説する．つぎに，これら放牧による攪乱の影響と空間スケールについて述べ，放牧によって形成される空間的異質性と生物多様性の関係について論じる．また，草原における放牧以外の攪乱についても紹介する．

第3章および第4章では，放牧が生物多様性と生態系機能に及ぼす影響について論じる．まず，放牧圧と生物多様性の関係を説明する仮説を紹介した後，放牧による生物への影響について，植物，訪花昆虫等の例を示す．つぎに，草原生態系における主要な生態系機能（1次生産，飼料価値，土壌保全，物質循環等）を紹介し，それらが放牧によってどのような影響を受けるかを概説する．

第5章では，生物多様性と生態系機能の関係について論じる．まず，想定される関係性のさまざまなパターンを紹介した後，生物多様性による生態系機能への効果および，生態系機能の安定性への（長期的な）効果について，実験室や野外での操作実験等による最新の研究例に基づいて紹介する．また，多様性に関わる新たな定量化手法を紹介するなど，草原生態系にとどまらず，一般的な生態学理論に踏み込んだ内容となっている．

最後の第6章では，応用科学としての草原生態学の役割について論じる．まず，生態系サービスの持続的利用という観点から，生態系機能の向上をはかるための生物多様性の適切な管理について述べるとともに，今後の研究の方向性を展望する．そして，グローバルな環境問題への対処という観点から，荒廃草地の修復，気候変動への適応，予防的管理による草地資源の持続的利

用等,それぞれの課題解決に向けた草原生態学の役割について論じる.

本書の執筆にあたり,1章を大黒・吉原が,2章および3章を吉原・佐々木が,4章および5章を佐々木・吉原が,6章を大黒・佐々木が主に担当したが,草稿を書き上げた後に全員ですべての内容の検討・調整を行った.

本書は,草原生態系をターゲットにしているが,その内容は,生物多様性と生態系機能の関係の背後にあるメカニズムに踏み込むとともに,放牧地管理やグローバルな環境問題への対処まで議論するなど,基礎科学から応用科学までを含む,幅広いものとなっている.本書が,草原生態学,乾燥地科学,草地・畜産学のみならず,生物多様性科学,保全生態学,環境科学等に関連する幅広い分野の皆様に広く読まれることを切に願うものである.

本書の中で紹介した研究事例は,多くの方々との共同研究の成果である.ここにすべて名前をあげることはできないが,共同研究者の方々には心から御礼を申し上げたい.また,モンゴルでの研究の機会を与えてくださった東京大学の武内和彦教授,モンゴル国立農業大学のウンダルマ・ジャムスラン准教授には深く感謝の意を表する.さらに,本書の出版に際しては,東京大学出版会の光明義文氏,住田朋久氏に一方ならぬお世話になった.ここに厚く御礼申し上げる.

2015年1月

著者を代表して
大黒　俊哉

目次

はじめに i

第 1 章　世界の草原・草地——その分類と利用 …………………… 1

1.1　草原・草地の分布と成因　1
　(1) 世界地図にみる草原・草地の分布　(2) 草原・草地の成因
　(3) 草原・草地と人の関わり

1.2　草原・草地の動植物　5
　(1) 草原の生物種数　(2) 温帯草原
　コラム 1.1　モンゴルの野生動物に迫る危機と保護活動
　(3) 熱帯サバンナ

1.3　草原・草地の生態系サービス　16
　(1) 生態系サービスとは　(2) 供給サービス
　コラム 1.2　茶草場
　(3) 調整サービス　(4) 文化的サービス
　(5) 生態系サービスを支える生物多様性
　コラム 1.3　景観生態学からみた草地ランドスケープの特徴

1.4　牧畜による草原の利用　25
　(1) 遊牧にみる草地資源の効率的利用　(2) 農林業との競合と共存
　コラム 1.4　自然的価値の高い草地

1.5　世界の草原・草地が直面する問題　30
　(1) 草原のオーバーユース　(2) 過放牧　(3) 不適切な農地開発
　(4) アンダーユースによる問題
　コラム 1.5　「里山」の構成要素としての半自然草地の変容と現状
　(5) 外来種による問題

第 2 章　草原・草地の攪乱 ……………………………………………… 39

2.1　家畜行動からみたメカニズム（家畜スケール）　39
　　（1）採食　（2）排泄　（3）移動（踏圧）
2.2　放牧地空間からみたメカニズム（放牧地スケール）　44
　　（1）攪乱と遷移　（2）放牧による攪乱を空間で考える
　　（3）空間スケールを考える　（4）攪乱による影響の程度を考える
　　（5）時間を考える　（6）放牧前の植生と放牧の空間パターンを考える
　　（7）空間を考慮して放牧による生物多様性への影響を考える
　　（8）植物の空間分布と動物の多様性
　　（9）空間的に異質な攪乱を利用した草原の生物多様性創出例
　　コラム 2.1　空間的異質性の評価手法
2.3　草原・草地に卓越するその他の攪乱　57
　　（1）穴居棲げっ歯類による攪乱　（2）草地管理　（3）野火と火入れ
　　（4）気候の変動性やイベント

第 3 章　草原・草地の生物多様性 ……………………………………… 69

3.1　生物多様性とは　69
3.2　放牧圧と生物多様性の関係を説明する仮説　70
3.3　放牧による生物への影響　72
　　（1）放牧と植物の機能的・遺伝的多様性
　　コラム 3.1　機能的多様性
　　（2）放牧と訪花昆虫の種多様性　（3）放牧とその他の生物への影響

第 4 章　草原・草地の生態系機能 ……………………………………… 82

4.1　生態系機能とは　82
　　（1）1 次生産機能　（2）飼料価値　（3）土壌保全機能　（4）物質循環機能
4.2　放牧による生態系機能への影響　87
　　（1）放牧による生産性への影響
　　コラム 4.1　放牧地生態系における降水量と放牧圧の生産性への影響
　　　　　　　――平衡概念と非平衡概念

(2) 放牧による飼料価値への影響
　(3) 放牧による土壌保全機能への影響
　コラム 4.2　生態系のフィードバック機構とレジリエンス
　(4) 放牧による物質循環への影響

第 5 章　生物多様性と生態系機能 …………………………………… 101

5.1　生物多様性と生態系機能の関係　101
　コラム 5.1　機能的冗長性
5.2　草原・草地における生物多様性と生態系機能の関係の研究例　104
　(1) 生物多様性による生態系機能への効果
　コラム 5.2　多様性による相補性効果と選択効果の切り分け
　(2) 生物多様性による生態系機能の安定性への効果
　コラム 5.3　生物多様性と 2 次生産機能

第 6 章　これからの草原・草地生態学 ………………………………… 118

6.1　草原・草地における生物多様性と生態系機能の管理　118
　(1) 生物多様性の適切な管理による生態系機能の向上と安定的な維持
　(2) 今後の研究の方向性
6.2　応用科学としての草原生態学の役割と課題　126
　(1) 荒廃草地の修復と草原生態学の役割
　(2) 気候変動への適応と草原生態学の役割
　(3) 予防的管理アプローチによる草地資源の持続的な利用に向けて

引用文献　137
索引　155

第1章　世界の草原・草地
―― その分類と利用

　本章では，世界の草原の分布と現状について概説する．まず，世界の草原について，その分布・生態を地域ごとに紹介した後，どのような生態系サービスがあるのかを述べる．つぎに草原の代表的土地利用である牧畜の特徴を紹介した後，草原が現在直面する問題について，オーバーユースおよびアンダーユースの観点から論じる．

1.1　草原・草地の分布と成因

(1) 世界地図にみる草原・草地の分布

　草原とは一般に，イネ科を中心とした草本植物によって地表面の50%以上が覆われる群落と定義されるが，広義には，木本植物以外の植物が優占する丈の低い植生を指すことが多い．そのため，イネ科草本が優占する典型的な草原以外にも，草本植物に低木のまじった灌木草原，乾燥した熱帯・亜熱帯にみられるサバンナや，高緯度地域に分布する地衣類や蘚苔類のまじったツンドラなども草原に含まれる．世界地図でみると，草原とよばれる植生域は，北アメリカ大陸の西部，南アメリカ大陸の海岸沿い，アフリカ大陸のサハラ砂漠以南，中央アジアとオーストラリア大陸を中心に広く分布している（図1.1）．その面積は森林よりも広く，全陸地面積の約4割にも達する（表1.1）．世界地図で確認できるこれらの草原の多くは，人が撹乱を与えなくとも気候的極相として成立する自然草原であるが，本来森林が極相となる気候域で，人為的な撹乱によって成立・維持されているような半自然草原も多い．日本にも，ススキやシバに代表される草原が各地にみられるが，それらの大部分

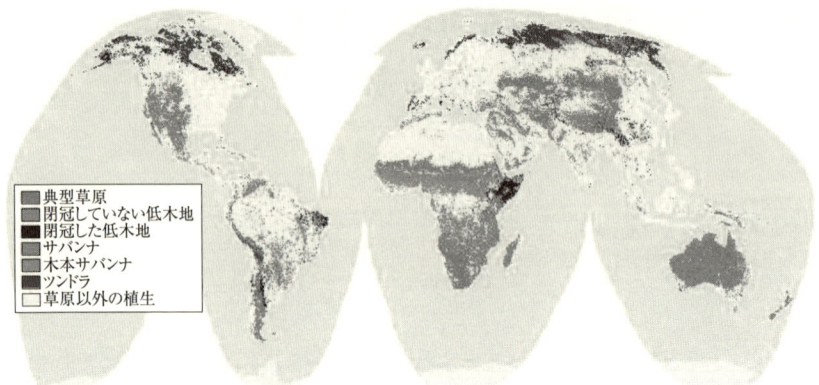

図 1.1 地球圏-生物圏国際共同研究計画（IGBP）が作成した世界の草原分布図．NOAA-AVHRR による衛星データに基づき作成．（White et al., 2000）

表 1.1 各草原タイプの面積と全陸地面積に占める割合．（White et al., 2000）

草原タイプ	面積 (100 万 km²)	全陸地面積に占める 割合（％）
典型草原	10.7	8.3
灌木草原	16.5	12.7
サバンナ	17.9	13.8
ツンドラ	7.4	5.7
合計	52.5	40.5

は，草刈り，火入れや放牧などによって森林への遷移が人為的に抑制された半自然草原である．このように，世界には自然条件や人間の干渉の程度によってさまざまなタイプの草原が広がり，陸上生態系の中で最大の群系を形成している（小泉ら，2000）．

(2) 草原・草地の成因

グローバルにみると，草原は乾燥気候の卓越する砂漠地帯を取り囲むように分布している（図 1.1）．このことからも明らかなように，草原が成立するための最も大きな環境条件は，乾燥気候による水分の不足である．木本植物は一般に，蒸発散による水分消費量が多いため，乾燥条件下では，密生した根を表層に張りめぐらすなどして限られた水分を効率的に利用する草本植物の方が，圧倒的に有利である．また，密生した草原の中では，樹木の芽生えが

光不足のため十分成長することができず，草本植物との競争に負けてしまうということも，木本植物が入り込めない理由の1つとしてあげられる．温度条件でみると，低温による成長期の温度不足もまた，木本植物の生育を阻害する要因となる．高山の樹木限界を越えて分布するイネ科やスゲ属の草本群落や，北半球の高緯度地域にみられるツンドラは，主に低温環境によって形成された草原である．

さらに，草原の成立・維持に重要な役割を果たしているものとして，野火や火入れなど，自然および人為起源による火の影響があげられる．たとえば，現在のサバンナやプレーリーなどの分布域は，火がもたらした植生破壊によって，本来森林が成立する地域にも広げられてきたといわれている．逆にいえば，草原地域では，乾燥とともに火に対する耐性をもった種が優勢になるといえる．実際，アフリカのサバンナの景観を特徴づけるアカシアやバオバブ，南アメリカのカーチンガに生育する木本植物などは，野火に対する強い耐性をもつことで知られている．

(3) 草原・草地と人の関わり

乾燥気候の卓越する草原域では一般に，耕作による作物生産が困難である．そこで人類は，家畜を通して植物の生産物を利用する方法，すなわち牧畜によって草原の利用を行ってきた．放牧地 (pasture) は，家畜生産のために放牧や採草に利用される場所を指すが，これには，気候的極相としての草原だけでなく，日本やヨーロッパなどにみられるような，森林を改変してつくられた草原も含まれる．日本では，草原のうち放牧や採草に利用されるものに対しては「草地」という用語が用いられている．北アメリカでは，放牧利用されている土地は range または rangeland とよばれている．

図 1.2 は，世界の放牧地 (牧畜に利用されている土地) の分布を示した地図である．驚くべきことに，放牧地は全陸地の半分の面積を占めているのである．また，先に示した草原分布図 (図 1.1) と比べてみると，高緯度地域のツンドラやオーストラリア内陸部など，低温や乾燥により家畜の飼料となる草の生産量の低い地域を除いて，その分布域がほぼ重なっていることがわかる．このことは，草原は家畜生産のための放牧地として広く利用されていることを示している．

図 1.2 2000年の放牧地分布図．衛星画像から得られた土地被覆データと各国の農業データ目録とを組み合わせ，さらにそれを補正して作成．（Ramankutty et al., 2008）

図 1.3 耕地として利用されている草原．図 1.1 で示された草原の中から，農地を30％以上含む地域を黒く示している．（White et al., 2000）

　一方，草原域の中には耕地として利用されている地域も少なくない (図1.3)．とくに，西アジアに東西にのびるステップ，北アメリカ中央部のプレーリー，そして南アメリカのブラジルやアルゼンチンなどの地域は，気候，土壌，地形が農業利用に適しているため，現在では，コムギやトウモロコシの大栽培地帯となっている (図1.4)．しかしながら草原域における耕地の拡大と農業活動の強化は，後述するようにさまざまな土地荒廃問題を引き起こしている．

図 1.4 草原地域の農業開発．（左：中国・内蒙古草原，右：ブラジル・セラード）

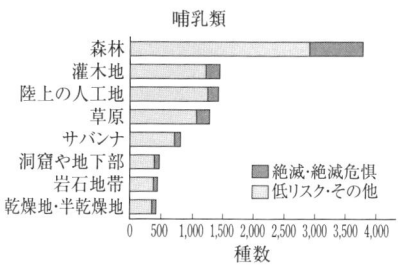 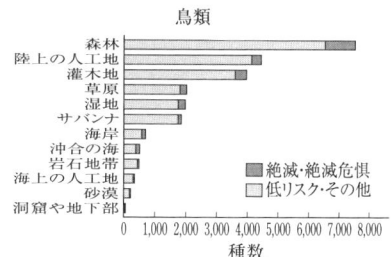

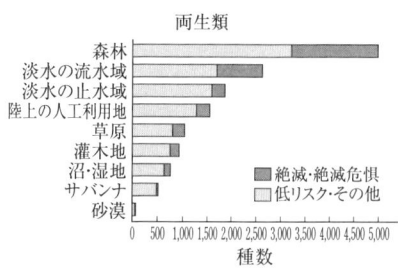

図 1.5 生息地で分類した世界の動物の種数と保全状況．濃く示されている部分はレッドデータブックで絶滅・野生絶滅・絶滅寸前・絶滅危惧・危急種に分類されている種の合計，薄い部分はそれ以外の準絶滅危惧・軽度懸念・データ不足に分類されている種の合計を示す．（Vié et al., 2009）

1.2 草原・草地の動植物

(1) 草原の生物種数

草原にはどのくらいの生物が生息しているのだろうか．図 1.5 は世界の動物の種数を生息地ごとに示したものである（両生類は既知数 6347 種のうち 6260 種を評価）．この生息地類型をみると，すべての分類群において種数が

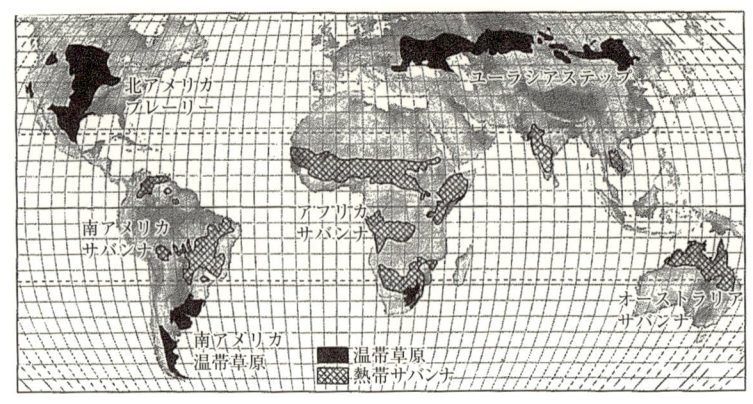

図1.6 温帯草原と熱帯サバンナの分布．(Woodward, 2008 を改変)

最も多くなっているのは森林である．しかし，灌木地やサバンナなども広義の草原に含めれば，草原にも多くの動物種が生息していることがわかる．分類群ごとにみると，草原ではとくに哺乳類や鳥類が比較的豊富である．また草原では，各分類群でそれぞれ300種程度の絶滅種・絶滅危惧種が確認されている．

地球上における草原の分布は，気候や地形の影響により地理的に偏っているが，大きくは以下の2タイプ，すなわち，温帯地方にみられ，*Stipa*属，*Festuca*属，*Poa*属などのイネ科ウシノケグサ亜科の優占で特徴づけられる温帯草原 (temperate grassland) と，熱帯・亜熱帯地方にみられ，主にイネ科キビ亜科やスズメガヤ亜科の種が優占する熱帯サバンナ (tropical savanna) に分けられる (図1.6)．これらはさらに，大陸や地域ごとに固有の呼称がつけられており，それぞれ特徴的な生物の分布がみられる．以下に，世界各地の代表的な草原ごとに，生物相の特徴を概説する．

(2) 温帯草原

中緯度の温帯または亜寒帯地域で，年降水量が250～750 mm程度の乾燥した気候帯では，樹木が生育できず，イネ科植物を中心とした草原が発達している．温帯草原は北アメリカプレーリー，ユーラシアステップと南アメリカ温帯草原が主な地域である (図1.6)．

温帯草原の植物は多年生イネ科草本が最も一般的であるが，その他に双子

葉植物のキク科やマメ科も多い．灌木の侵入は過放牧による植生劣化の指標である．乾燥に適応するために，地上器官よりも水分を吸収する地下器官（根）の割合が多くなっている．

　主な哺乳類は，群れを形成する俊敏な有蹄類か，コロニー（集合巣）を形成する穴居性のげっ歯類である．これらの草食動物にとって，草原のような開けた環境は集団で生活をすることで捕食者などの危険を素早く察知できる点で都合がよい．また，仮に捕食者に見つかってしまっても走って逃れるか，穴に隠れて逃れることができる点で都合がよい．有蹄類はイネ科などの低質な茎葉を非選択的に食べるグレイザー（grazer）の割合が多い．大型の捕食者は少なく，小型のイヌ科，ネコ科やイタチ科の動物などに限られる．草原を主な生息地とする鳥類は，高木が少なく地上の捕食者に襲われやすいため，地上にひっそりと巣を形成する種か走るのが得意な種が中心である．乾燥しているため，水場を除いて両生類・爬虫類が少ない．昆虫はバッタ類の数が多く一際目立つ．

ユーラシアステップ（Eurasia steppe）

　ユーラシアステップは，東ヨーロッパから中国北東部まで，ユーラシア大陸中央部を東西にのびる草原地帯であり，その面積は 250 万 km² にも及ぶ．主に叢生型のイネ科草本である *Stipa* 属（図 1.7 左），*Festuca* 属，*Bromus* 属などが優占するが，森林との移行帯にみられる森林ステップとよばれるものから，乾燥地に隣接する半砂漠状のものまで，さまざまなタイプに分けられている．西部ではオーク林，東部のモンゴル乾燥ステップでは *Artemisia*（ヨモギ）属，*Allium*（ネギ）属や 1 年生の双子葉植物などが生育している．北から

図 1.7　ユーラシアステップの動植物．（左：ハネガヤの一種 *Stipa krylovii*，右：モウコノウマ *Equus ferus przewalskii*）

南に向かうほど乾燥し，草丈や被度が小さくなっていく．西部の高水分地域では多年生の双子葉類が豊富で多様性も高い．東部では春の降水量が少ないため，多くの花が7月から8月に咲く．

　この地域は，タヒとよばれる野生馬・モウコノウマ (Przewalski's horse, 図1.7右)，フタコブラクダ，野生ロバ (kulan)，ウシ科のサイガ (saiga antelope) やガゼルなどの希少な有蹄類のすみかとなっている．彼らの多くは人間活動に起因する生息地の悪化や狩猟等により個体数が激減している．その他に小型哺乳類である食虫類のメクラネズミ，ハムスター，シベリアマーモット，ジリス，ナキウサギなどのげっ歯類が地中に巣をつくって生活している．

　ユーラシアステップはいわゆる黒土地帯とよばれているところでもあり，西部を中心に世界の主要な穀倉地帯の1つとなっている．

プレーリー (prairie)

　プレーリーは，北アメリカ大陸の中央部に南北に広がる草原地帯である．米国南部のテキサス州から，カナダ南部のアルバータ州，サスカチュワン州に至る年降水量約250〜800 mmの地域にあり，その面積は350万 km^2 ほどである．*Andropogon* 属，*Stipa* 属，*Bouteloua* 属などのイネ科植物が優占し，これらにマメ科やキク科の植物が加わっている．プレーリーでは東から西への乾燥傾度によって，草丈が2 mにも達する長草草原 (tall-grass) から，中茎・短茎草本のまじった混交草原 (mixed grass)，さらには短草草原 (short-grass) へと推移していく．優占する植物種は長草草原でイネ科のbluestem (*Andropogon* 属) や sideoats grama (*Bouteloua* 属)，短草草原や混交草原ではウィートグラス，ネズミノオ属，needle-thread-grass (*Stipa commata*)，ブルーグラマやバッファローグラス，南の砂漠草原では grama-grass, tobosa grass や yucca などの木本である．短草草原や混交草原では双子葉草本がほとんどみられないかわりに，灌木や半灌木植物が存在する．

　哺乳類は捕食者のコヨーテやアカギツネ，草食動物のウサギ，穴居性げっ歯類のプレーリードッグ，ジリス，マウス，ホリネズミ (pocket gopher) がいる．その中でも5種存在するプレーリードッグは，地中に1000 kmを超えるような巨大なコロニーを形成する．プレーリードッグは肉食獣への餌提供だけでなく，キーストーン種として生態系にさまざまな役割を果たしている．たとえば，巣穴形成の際に生じるマウンドの上には特異的な植物種が出現し，

生物多様性の増加に寄与している．さらに，そのマウンド上の植物は栄養価が高く成長が速いため，多くの草食動物を引きつける．ところが，プレーリードッグは病原菌を媒介する害獣であるとして捕獲され，個体数が激減している．南の砂漠草原では斜面上部に林地や湧水があるため，環境が多様で哺乳類の種多様性が高い．シカやペッカリー，ジャックウサギやカンガルーネズミなどが生息している．

　鳥類は種子食者のスズメ類，ハマヒバリ (horned lark)，ニシマキバドリ (western meadowlark)，放棄されたネズミの巣穴を利用するアナホリフクロウなどがいる．爬虫類はガラガラヘビ，ツノトカゲ，スキンクとよばれるトカゲ類である．

　プレーリーの土壌もまた肥沃なため，農業上重要な地域となっており，現在ではほとんどが耕作地に変えられている．

パンパス (pampas)，**パタゴニア** (patagonia)

　南米のアルゼンチン東部を中心に広く分布する温帯草原はパンパスとよばれ，年降水量が 600〜1000 mm 程度の地域にみられる．ここでの優占種はイネ科の *Stipa* 属であり，これに *Bothriochloa* 属，*Panicum* 属，*Paspalum* 属などが加わる．随伴種としてキク科やマメ科の双子葉草本や半灌木植物がみられる．パンパスは長い間，牛・ヒツジの牧草地帯として利用されてきており，現在では外来牧草もかなり広がっている．

　一方，パタゴニアは，南アフリカの南緯 40°C 付近以南の地域を指し，低温と強風が卓越する．北部の草原では feathergrass (*Stipa* 属等) や *Festuca* 属が優占しているが，それらの植物個体の間にはクッション植物とよばれる耐寒性のマット状植物が分布するのが特徴的である．

　動物相はきわめて多様である．草食獣のグアナコ，マラやビスカチャ，肉食獣のキツネ，パタゴニアイタチやプーマと，さまざまな種類のマウスがいる．また，レアやシキダチョウなど鳥類の宝庫である．その一方でパンパスには大型の草食獣が欠けているが，これはこの地域の草原としての歴史が浅いためではないかと考えられている．

　温帯草原は上に述べたもののほか，南半球では，ニュージーランド，オーストラリアの南東部などにもみられる．

コラム 1.1　モンゴルの野生動物に迫る危機と保護活動

　モンゴル草原はいまだ大半が遊牧により持続的に利用されており，世界の草原の中でも野生生物に残された最後の未開拓地の1つと称されている．そのモンゴル草原であっても，近年は野生動物の保護が叫ばれるようになってきた．

　モウコガゼルはウシ科の有蹄類で，ロシア，中国やカザフスタンの草原に広く分布している．ところが，現在の生息地の面積は50年前の約4分の1程度である．生息域減少の要因は，狩猟，道路や線路建設による生息地の分断化，家畜の過放牧による餌資源の競合等である．そこで，Yoshiharaら (2008) はモウコガゼルと家畜の糞分析を行うことにより，採食物の構成と動物間における採食物構成の類似度を調べた．その結果，ガゼルとウシやウマの採食物構成は大きく異なっていたが，ヒツジ・ヤギの採食食物の構成はガゼルとオーバーラップしていたため，ガゼルと競合関係にある可能性が示唆された．

　シベリアマーモットはリス科のげっ歯類で，かつてモンゴルの森林と砂漠地域を除いた草原地域に広く分布していた．ところが，最近では存在の痕跡のない放棄された巣穴が目立つようになってきた．1940年には約4000万頭と試算されたが，1997年には1000万頭未満と推定されており，今はさらに減少していると考えられる．マーモットの個体数減少の大きな理由は，毛皮や肉を目的とした狩猟である．2004年における推定狩猟頭数は300万頭で，モンゴルの動物の中でも圧倒的に多い．現在は政府によって捕獲頭数と捕獲時期が制限されているが，密猟は後を絶たない．

　モウコノウマは1879年モンゴルで発見されたウマ科の動物で，現存する唯一の野生馬である．モンゴルではタヒとよばれ，かつてはユーラシア大陸に広く生息していたが，家畜の増加や生息地の環境悪化により野生下では1960年頃絶滅した．1992年，オランダの動物園で飼育繁殖されていたモウコノウマ16頭がモンゴルのフスタイ国立公園に放たれた．その後2002年までに諸外国の動物園から84頭が送られ，繁殖と再野生化の試みが続けられている．公園内に設定された保護区での飼育繁殖により，2013年には約300頭にまで増加した．

　モウコノウマの保護活動が成功した要因は，フスタイ国立公園による手厚い管理にあった．フスタイ国立公園は約6万haの規模を誇り，1993年

に政府による特定保護地域として指定された．公園の内部には放牧などの利用を制限したコアゾーンを設けている．多数のレンジャーが公園内部を見回り，侵入者に目を光らせている．

　これまでオランダ政府はモウコノウマの保護活動への経済的援助を続けてきたが，モウコノウマの個体数が回復したとして 2012 年には援助を打ち切った．モンゴルは潤沢な資金がないため，これからのモウコノウマの保護活動への影響が懸念される．幸いにも，フスタイ国立公園は近年ヨーロッパやアジアの観光客に人気の高い観光スポットとして紹介されている．得られた観光収入をモウコノウマの保護活動に還元することが望まれる．

　Kajiwara ら（未発表）はモウコノウマの保全のため，2013 年の夏にフスタイ国立公園内で生息地選択に関する研究を行った．モウコノウマの糞密度を生息地利用の尺度とし，その生息地選択に影響を与えると予測される 7 つの環境要因を変数として加えたモデルを構築した．その結果，モウコノウマは川や森の近くを選択し，道路を避けていた．水平な地形が広がるが，周辺に小さな窪地を含む地形を選択していた．また，主要な採食植物種であるイネ科の草本が優占する場所を好んでいた．川は飲み水として，森は夏場の避暑地として利用しているのだろう．野生動物は道路をヒトの気配

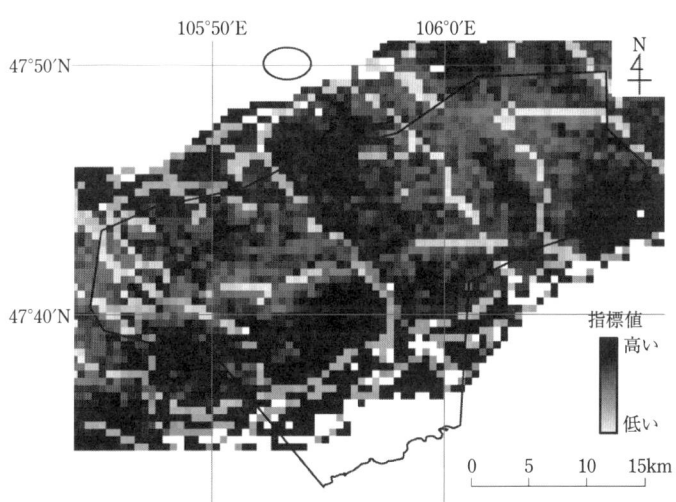

図 1.8　フスタイ国立公園内のモウコノウマの生息地評価．色の濃いところが生息地としての評価が高いところを示す．（Kajiwara et al., 未発表）

と認識し，避ける傾向がある．水平な地形は天敵であるオオカミ等を監視するのに都合がよく，小さな窪地は水場（川）と一致していると考えられる．これらの結果をもとに，フスタイ国立公園内の生息適地を調べた結果，公園の外側との境界付近に複数の生息適地が確認された（図1.8）．

(3) 熱帯サバンナ

熱帯サバンナはアフリカ，オーストラリアと南アメリカの大陸の，年降水量がやや少なく（1000 mm前後），明瞭な雨季と乾季のある地域に分布する（図1.6）．典型的なサバンナ景観は，密生したイネ科草本の中に高木あるいは低木の散生する草原である．熱帯サバンナの草本は叢生型のイネ科で高温下において光合成能力の高いC_4植物である．その他にもスゲ類やマメ科等の双子葉植物が豊富である．木本はバオバブを除くと樹高は数メートル程度である．葉には厚めのクチクラと窪んだ気孔があり，乾燥した地域で水分の損失を抑えることに一役買っている．野火や放牧を頻繁に受けるため，それらに適応した形態（厚い樹皮，トゲ）を備えている．明瞭な雨季と乾季があるため，植物はそれに適応した生活をしている．1年生植物は降雨のタイミングで一斉に種子を発芽させる．

小型哺乳類は夜行性かつ穴居性であり，植物から昆虫までを幅広く餌にする雑食性である．外気が高温で乾燥するため，哺乳類は体を低温に保ち，水分ロスを抑えるように行動を進化させてきた．たとえば，日中の暑いときは地下部や木陰に避難していたり，日射方向にお尻を向けて立ったり，皮膚の色を薄くすることで体温が上昇するのを抑えている．アンテロープ類などは水分ロスを抑えるために水分の少なく濃い糞尿を排泄する．夜間や早朝に採食することで，植物の葉に付着している水分を得ることができる．また，移動能力の高い草食動物は乾季になると草を求めて雨の降る地域へ移動する．

鳥類は種・量ともに豊富で，猛禽類などの捕食者や腐食性動物の数が多いのも特徴的である．地上では飛行能力のない大型の走鳥類が生息している．爬虫類はマムシ，ヤモリ，トカゲやリクガメの仲間などが特徴的な種で，多様で豊富である．両生類は各種カエルなどが生息しているが，乾燥に弱いた

め活動期は夜間と雨季に限られる．シロアリが巨大なアリ塚を造る．
アフリカサバンナ
　サバンナが最も発達しているのがアフリカであり，サハラ砂漠以南にそれぞれ離れて4つのサバンナが位置している（図1.6）．その分布域は広く，*Hyparrhenia*属や*Andropogon*属などのイネ科の草本が優占する湿性サバンナから，*Acacia*（アカシア）属その他のマメ科植物や*Adansonia*（バオバブ）属などの木本植物の割合が増加する乾性サバンナまで，さまざまなタイプのものがみられる．広く分布する植生は*Terminalia*属やバオバブなどの疎林やアカシアなどの灌木と，ネピアグラス（elephant grass）などの1年生イネ科草本である．南にある湿性のサバンナではマメ科の木が多い．

　アフリカサバンナは，アフリカのビッグファイブとよばれるライオン，バッファロー，ゾウ，サイ，ヒョウの主な生息地である．ゾウは木本を破壊することで草原の維持とそこに生息する生物の生息地を提供しているキーストーン種である（図1.9上右）．体が小さいので目立たないが，より普通にみられるのはげっ歯類やウサギである．また，非常に多くの有蹄類がおり（図1.9上左），それを狙うネコ科，イヌ科やハイエナなどの肉食獣も多様である．このように多くの有蹄類が生息できるのは，この地域にさまざまなハビタットがあり，種によって資源の利用方法が時間的・空間的に異なるためと考えられている．たとえば，まずはじめにシマウマが未利用で草丈が高く栄養価の低い草を食べ，つぎにヌーが残った短草を食べ，最後にトムソンガゼルが栄養価の高い新芽などの草を選んで食べる．

　鳥類ではハタオリドリ（weaver bird）がアカシアの木に草木を織って巣をつくり，巨大なコロニーを形成している（図1.9下左）．また，ダチョウやアフリカオオノガン（kori bustard）などの走鳥類も目立つ．草原に残された動物の死骸は腐食性動物のハゲワシ類によってリサイクルされる．腐食性の動物の中でも種によって役割が異なり，1つの死骸に対して複数の腐食性動物が入れ替わり利用している．

　シロアリが形成したアリ塚は多くの動物にとっての餌資源として重要な場となっている（図1.9下右）．また，消化管に共生する微生物の助けを借りて植物体のセルロースを分解し，土壌に栄養塩類を供給している．その他の代表的な昆虫としてイモ虫やバッタ類，糞虫がいる．この地域では高木が動物の

1.2　草原・草地の動植物

図 1.9　アフリカサバンナの野生生物．（上左：インパラ，上右：アフリカゾウ，下左：ハタオリドリの巣とバオバブ，下右：シロアリ塚）

種多様性維持の役割を担っている．アカシアの鞘は高タンパクであるため，シロアリがこれを食べに集まり，さらにそのシロアリを求めて鳥が集まってくる．white-stemmed shepherd's tree がつくる日陰によって地表面の温度は約 50 度も下がり，動物の休息場として利用されている．

オーストラリアサバンナ

　オーストラリアサバンナは，同大陸の北側に位置しており（図 1.6），ユーカリやアカシアなどの木本と C4 植物のイネ科草本が優占している．動物相はあまり多様ではないが，独自の進化を遂げた固有の生物が多い．哺乳類では，有袋類のカンガルー，ワラビー，フクロギツネなどがおり，鳥類ではオウムの仲間，ミツスイ，モズの仲間（cracticus），フィンチやエミューなどがおり，爬虫類はトカゲなどがいる．

南アメリカサバンナ

　南アメリカには，南部のセラード（Cerrado）と北部のリャノス（Llanos）とよばれるサバンナがみられる．セラードとは，ブラジルの中央部，年降水量

図 1.10 南アメリカサバンナの植生．（ブラジル・セラード）

が1100〜2000 mmの広い地域を占めるサバンナ型の疎林草原である．木本植物の高さや密度などによって，いくつかのタイプに分けられており，樹木の全くみられない草原状の場所はカンポリンポ，木が多少混在するところはカンポスージョ，典型的なサバンナはカンポセラード，林冠が鬱閉して森林に近い場所はセラドンとよばれている．草本層には *Andropogon* 属，*Aristida* 属，*Paspalum* 属などのイネ科が優占する．また，散生する木の多くは厚い樹皮に覆われ，大型の肉厚の葉をもち，曲がりくねった樹形を示す．これらの特徴は野火に対する耐性を高める上で有利と考えられている．1万種を超える非常に多様な木本・草本が存在すると考えられており，そのうち44％が固有種である（図1.10）．

リャノスはベネズエラ，コロンビア内陸部のオリノコ川流域に位置し，イネ科の草本が広がる草原である．セラードが，300〜1000 mの標高にみられるのに対し，リャノスは300 mまでの低い標高に分布する．雨季には浸水，乾季には乾燥する厳しい環境であるため，一部のイネ科，イグサ（rush）やヤシなどわずかな種しか生育することができない．

これらの地域では大型の哺乳類が少なく，オジロジカ，バクやオオアリクイとネコ科のプーマやジャガー程度である．哺乳類の大部分は小型哺乳類で，げっ歯類が主要な草食者である．鳥類については，リャノスでは海岸性の鳥を中心に非常に多様で，渡り鳥を含めると475種，セラードではタイランチョウ科（Tyrannidae）など森林性の鳥類を中心に800種を超える．セラードに生息する爬虫類（リクガメ，トカゲなど）はその多くが固有種であり，絶滅危惧種でもある．アリは非常に個体数が多いため，1つの巣穴にいるアリでウシ

1頭分の植物を消費するといわれている．

なお，南アメリカには，カーチンガ (caatinga) とよばれる特徴的な植生が分布する．これは，セラードの北，ブラジル北東部にみられる有刺低木林である．年降水量は 300〜800 mm で，雨季と乾季が不規則に交代するようなところに成立する．優占種は *Mimosa* 属，*Caesalpinia* 属などで，サボテン科の *Cereus* 属などもみられる．カーチンガは草原というよりむしろ，低木林に含まれる群系であり，これと類似した植生は，パラグアイのチャコ地方，アフリカ東部，インド北西部などにも分布している．

1.3　草原・草地の生態系サービス

(1) 生態系サービスとは

人類は，生きていく上で欠かせないさまざまな便益を生態系から享受している．草原地域においても，人々は限られた資源を自然の恵みとしてうまく利用しつつ，厳しい環境の中で持続的な生活を営んできた．生態系から人々が得る恵みは「生態系サービス」とよばれ，その中には，食料や水，木材，燃料などの「供給サービス」だけでなく，洪水や気候の調整といった「調整サービス」，レクリエーションや精神的・教育的な恩恵を与える「文化的サービス」，栄養塩の循環や土壌生成のように他の生態系サービスの基盤となる「基盤サービス」など，さまざまなサービスが含まれる（図 1.11）．

2001 年，アナン国連事務総長によって提案された「ミレニアム生態系評価 (Millennium Ecosystem Assessment: MA)」は，生態系サービスの変化がどのように人間の福利 (human well-being) に影響するかを検証したものである (MA, 2005a)．なかでも草原の分布域と重なる乾燥地は，脆弱な生態系の 1 つとしてとくに詳しく取り上げられている．MA の報告書によれば，乾燥地の人々が豊かに暮らすための基本的な物資のほとんどは生物の営みに由来しており，生態系サービスへの依存度は他の生態系より大きいことが示されている．草原における人々の暮らしは，こうした生態系サービスとどのように関わっているのだろうか．そこでまず，草原における生態系サービスの特徴についてみてみよう．

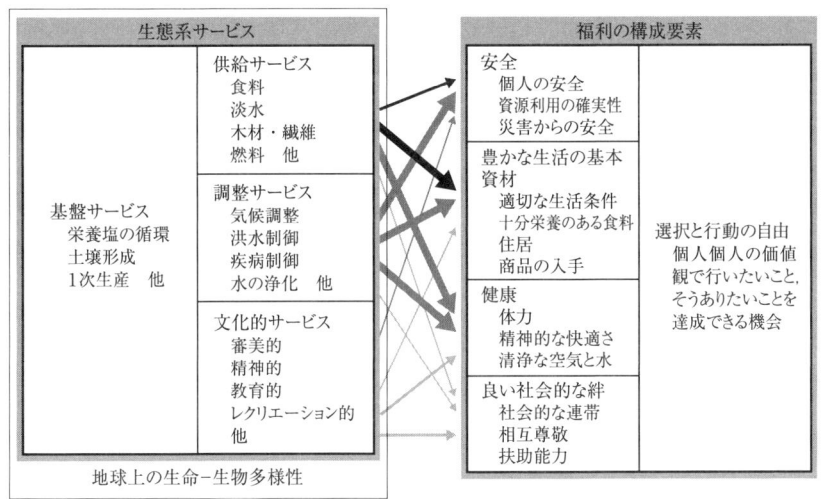

※矢印の太さは関連の強さを，色の濃さは社会経済的な仲介の可能性の強さを示す．

図 1.11 生態系サービスと人間の福利の構成要素の関係．(MA, 2005a)

(2) 供給サービス

　供給サービス (provisioning service) とは，生態系から得られる生産物による便益であり，水（清浄水）や，動植物に由来する食料，木材などの燃料，また，バイオテクノロジーに用いられる遺伝子資源などが含まれる．農業と牧畜から得られる生産物は，草原に暮らす人々の生活の糧として最も重要な供給サービスである．とりわけ牧畜によって得られる，肉，乳製品，毛皮等の生産物は，作物生産の困難な放牧地における重要な栄養源かつ収入源となっている．草原性植物はまた，繊維材料や家屋の材料を提供してきた．日本ではかつて，カヤとよばれるススキやチガヤなどのイネ科植物が，地上部の枯れた秋〜初冬に刈り取られ，茅葺き屋根や，刈敷とよばれる緑肥の材料として利用されてきた (図 1.12)．

　草原地域には，甘草や麻黄などに代表されるように，薬用や香辛料として利用される植物も多い．日本でも，センブリやオウレンなど，古くから薬草として利用されてきた草原性植物が多く存在する．さらに，耐乾性・耐塩性作物の育種や抗がん剤等の新薬開発につながる未知の遺伝資源の存在も期待されている．しかしこうした植物資源は，乱獲によって絶滅の危機に瀕して

図 1.12 草原の供給サービス．(左：中国・トルファンの市場で販売されている干しぶどう，右：岩手県・北上山地のカヤ場)

いるものが多く，また，土壌攪乱を伴う採取によって土壌侵食が誘発される場合もある．

コラム 1.2　茶草場

　静岡県の一部地域では，良質な茶を生産する目的で，茶園の畝間(うねま)にススキやササの刈敷を施用する農法，いわゆる「茶草(ちゃぐさ)農法」が古くから行われている．品質向上との関連についてはまだ不明な点が多いが，地温調節，土壌水分保持，土壌侵食防止，雑草防除，有機物供給等の効果により，お茶の味や香り，色がよくなるとされており，伝統的に茶草農法が受け継がれてきた（武内，2013）．刈敷の施用は，秋から早春にかけての農閑期に実施される．10〜15 cm に裁断されたススキなどの「茶草」が茶園の畝間に敷きこまれるが，その量は 10a あたり 700 kg 近くにも上るという．こうした大量の茶草を供給するために，この地域では茶園の周囲に「茶草場(ば)」とよばれる草地が維持されてきた（図 1.13）．この農法がいまだ広く行われている掛川地域では，約 10 km^2 の茶園に対し，約 3 km^2 の茶草場が分布している．とくに茶草場が多く残っている掛川市東山地区では，茶園と茶草場の割合は 10：7 にも達するという．茶園に近接した傾斜地に広がるこれら茶草場では，毎年ススキの刈り取りが継続して行われてきた．その結果，在来の草原性植物を主体とした多様性の高い半自然草地が維持され，キキョウ，ノウルシ，カワラナデシコ，オミナエシ等の絶滅危惧種や希少種も多く残存していることがわかった．農業環境技術研究所の研究グループが行った調査によれば，土地改変の履歴がなく，古くから年 1 回の刈り取りが継

図 1.13 茶園の周囲に維持されてきた「茶草場」．(静岡県掛川市．写真提供：楠本良延氏)

続されている場合，とくに在来種の多様性が高くなるとのことである．

茶草場の多くが斜面に位置することもあり，刈り取り作業は相当の重労働である．それにもかかわらず今日まで続いてきたのは，高付加価値を生む茶草農法の優位性と重要性が農家の間で強く共有されているためであろう．このことは，茶草を施用しない農家に対して売上の 20% をペナルティとして徴収していることからもうかがえる．茶生産という農業活動によって半自然草地が守られ，その草地からもたらされる生態系サービスによって茶生産が維持されているという関係は，これからの環境保全型農業を考える上でもきわめて示唆に富む事例である (楠本ら, 2010)．「静岡の伝統的な茶草農法」は 2013 年 5 月，国連食糧農業機関 (FAO) により世界重要農業遺産システム (通称世界農業遺産) に認定された．

(3) 調整サービス

調整サービス (regulating service) とは，生態系プロセスの調整から得られる便益であり，気候の調整 (土地被覆の変化による気温や降水量への影響など)，土壌侵食の抑制，水の浄化，花粉媒介などのさまざまな機能が含まれている．

乾燥気候の卓越する草原地域において，水は生物の生存と生産を左右する資源であり，土壌水分や 1 次生産の保持，人や家畜の飲用水・灌漑用水の供

給，表面流出や土壌侵食の制御など，さまざまな生態系サービスと密接に関連している．したがって，これらのサービスの配分に関わる水の調整サービスは，乾燥地における最も重要な調整サービスといえる．植生による地表面の被覆は，降雨の捕捉等を通じて水の調整サービスに最も影響を及ぼす因子とされている．一方，放牧や耕作に伴う地表面の攪乱は，植生やクラストの破壊を引き起こし，水による土壌侵食のリスクを高める．

植生被覆はまた，地表面の反射や蒸発散の制御を通じて，ローカルな気候調整に貢献している．これに対し，グローバルな気候調整サービスとしては，炭素隔離（carbon sequestration），すなわち生態系への二酸化炭素の取り込みによる二酸化炭素濃度の調整サービスが重要である．乾燥地でみると，単位面積あたりの植物バイオマス量や土壌中の有機炭素量は少ないものの，無機炭素のほとんどは乾燥地にあり，全体でみると世界の炭素の46％が草原を含む乾燥地に蓄積していると推定されている（MA, 2005b）．

(4) 文化的サービス

文化的サービス（cultural service）とは，精神的な質の向上，知的な発達，審美的経験を通して，人が生態系から得る非物質的な便益であり，地域のアイデンティティーとなるような文化的多様性，教育的価値，娯楽やエコツーリズムなど多種多様な価値への認識が高まっている．

草原地域の自然は，人々の世界観や自然観の形成など，精神的・非物質的な面においても大きな影響を与え，草原地域特有の多様な文化・芸術や世界宗教の発達を促してきた．北東アジアでは，砂漠の大画廊とよばれる中国・敦煌の莫高窟や，遊牧民の支配者の拠点であったモンゴル・オルホン渓谷の文化的景観などが代表例としてあげられ，これらはユネスコの世界遺産（文化遺産）にも登録されている（図1.14）．

草原生態系の自然資源を利用した遊牧や農業の営みは，後述するように，自然に適応した家畜移動，節水・農業技術，気象予測，薬用植物の利用など，ユニークな知識・技術を生み出し，それらは持続可能な土地利用を支える伝統的知識（traditional knowledge）・在来技術として長年にわたり地域社会に蓄積されてきた．日本でも，集落共同作業による野焼きや刈り取り管理など，かつては伝統的な草地管理活動が全国各地に存在した．こうした活動は，地

図 1.14　草原の文化的サービス．(左：中国・敦煌莫高窟，右：阿蘇山・草千里)

域住民間の社会的な関わり合いの基盤になるとともに，地域の人々のアイデンティティーを支えるものであった．しかし，放牧活動以外の利用価値を失って以降は，こうした伝統的な草地管理の多くが失われ，文化的サービスの質の変化を招いている．人々を取り巻く社会・経済の状況が大きく変わる中で，こうした伝統的知識をいかに保全し，近代的知識との融合をはかっていくかという問題は，国際社会においても重要な課題の1つである (ICCD, 2000)．

厳しい環境がつくり出す自然景観や，多様な野生生物などは，前述した文化的景観とともに貴重な観光資源となっており，観光産業という，従来の農牧業にかわる産業 (alternative livelihood) を支えている．たとえば，エコツーリズムが重要な産業となっているケニアでは，観光客のおよそ9割がサバンナの野生生物保護区 (game park) を訪れている (White et al., 2000)．一方日本では，野焼きや採草など，草地に加えられる人為的撹乱が美しい草地景観を形成し，重要な観光資源を提供している．現在，阿蘇山などの大規模な草原地域の大半は，国立公園や国定公園などとして整備されており，自然との触れ合いを求める都市住民などへのレクリエーションの場を提供している (図1.14)．また，自然への認識を高めるための教育的価値なども見出され，新たな市民活動や都市農村交流の場となっている．

(5) 生態系サービスを支える生物多様性

以上のような生態系サービスは，草原生態系における生物の多様な営み，すなわち生物多様性によってもたらされてきた．ここで，生態系サービスと生物多様性の関係についてみてみよう．

作物遺伝資源としての野生植物の役割は，生物多様性と生態系サービス（供給サービス）の関係を最も直接的に示す例であろう．栽培作物のおよそ3〜4割が乾燥地起源といわれている（FAO, 1998）．現在，世界各地で栽培されている小麦，大麦，ミレット，キャベツ，ソルガム，オリーブ，綿花等の作物はもともと乾燥地が原産であり，これらの野生近縁種は将来の品種改良のための貴重な遺伝子プールでもある．

　一方，単一の植物が複数の生態系サービスを提供しているものもある．アフリカのサバンナ景観を特徴づける Acacia（アカシア）属の植物は，葉や果実は家畜の飼料に，枯れ枝は燃料に，樹脂は食用に，といった具合にさまざまな用途に利用される一方で，根系やリターの働きによる土壌生成や，根粒菌との共生による養分循環など，多様な調整サービスの発現に貢献している．また傘のような樹冠は，日射や微気象を緩和することで，野生生物や家畜が休息できる日陰を提供している（MA, 2005b；図1.15）．北東アジアのステップ地域では，イネ科多年草の Achnatherum splendens が同様の役割を果たしている．中国でジジツァオ（芨芨草），モンゴルでツァガーンデルスとよばれるこの草は，地下水位の高い低地に叢生し，ススキのように大きな株をつくる．成長した稈(かん)は硬くなるため，通常は家畜に利用されにくいが，冬期や干ばつにより放牧地の草量が減少する時期には貴重な飼料となる．大きな株はまた，家畜の糞やリターを捕捉して「肥沃の島」を形成したり，他の植物を保護し成長を促す「看護効果」を発揮する．さらに，それらの株が密生した群落は，冬期の季節風から家畜を保護するシェルターとしての役割も果たす（Hilbig, 1995; Manibazar and Sanchir, 2008；図1.15）．Terborgh（1986）は，熱帯林の研究に

図1.15　多様な生態系サービスを提供する植物．（左：ケニア北部のサバンナに生育するアカシア，右：モンゴルの低地に生育するツァガーンデルス）

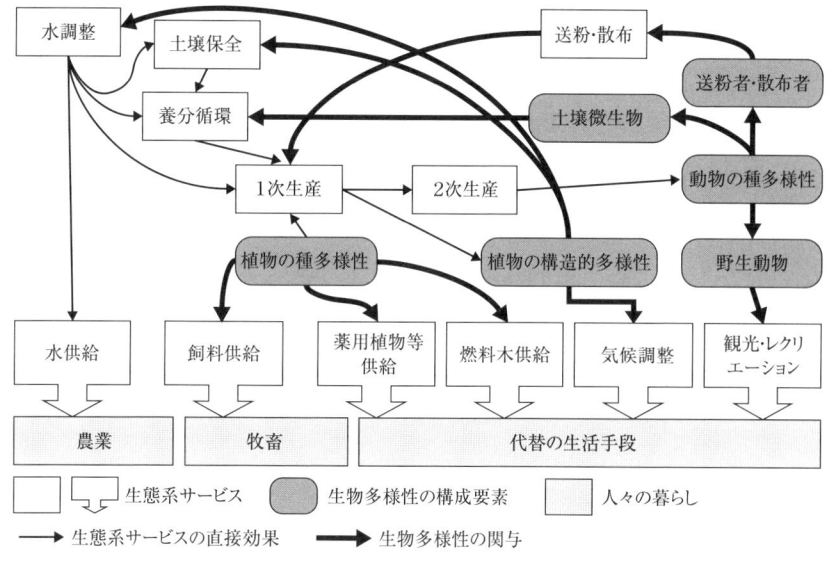

図 1.16 乾燥地における生物多様性，生態系サービスとそれらが支える人々の暮らしのリンケージ．（MA, 2005b を一部改変）

おいて，果食性動物の餌資源が欠乏する季節に，果実をつけて餌を供給できる植物を，生態系における「キーストーン植物資源」とよんだが，*A. splendens* は，多様な生態系サービスを提供する，家畜や遊牧民にとってのいわばキーストーン植物資源といえる．

以上のように，生物多様性によってもたらされる生態系サービスは，草原地域の人々の暮らしを物心両面で支えるとともに，生物資源や観光・文化資源の提供や，グローバルな気候調整などを通じ，草原地域以外の人々の暮らしにも大きく貢献しているのである（図 1.16）．

コラム 1.3 景観生態学からみた草地ランドスケープの特徴

景観生態学では，対象空間の景観構造は，パッチ，マトリクスおよびコリドーという，形状の異なる 3 つの構成要素からなるモザイクとして捉えられる．そこで，草地を中心としたランドスケープについて，景観生態学

的観点からその空間構造の特徴を述べる．

パッチ　草原生動植物の生育・生息地としての草地．草地には，多様な草原性植物が生育するとともに，そこを採餌場として利用する草原性の昆虫やチョウ類，鳥類を代表とする多くの動物種にとっても重要な生息地空間となっている．

マトリクス　草地を取り巻く樹林地や農地など．パッチとマトリクスの境界部は，エッジ (edge) とよばれており，エッジ特有の生育・生息地環境を提供している．たとえば，幼虫は草地の草本を食草とし，成虫は樹木の花で吸密するようなチョウ類など，複数の環境を利用する種にとって，重要な生息空間となっている．

コリドー　道路や生垣などの線形要素．野焼きの防火帯部分などもこれに相当する．イギリスの農村地域には，ヘッジロー (hedgerow) という牧場を境する生垣列があり，バラ科植物などの棘のある植物が鉄条網の役割を果たしている．また，ビートルバンクとよばれる，圃場（ほじょう）の中や周縁部等に設置された草本植物の帯状空間は，害虫の天敵昆虫の生息環境を提供し，生物防除の一環として位置づけられているが，それ以外にも，鳥類やげっ歯類等の生息地としても機能している（図 1.17）．これらの構成要素は，草地ランドスケープにおける樹林性の鳥類の移動空間や，樹林性植物の生育空間として機能しており，草地ランドスケープ内での生物多様性を高める上で重要な役割を担っている．

図 1.17　圃場周囲に残された半自然草地．（スイス・チューリッヒ近郊．写真提供：楠本良延氏）

このように，草地ランドスケープは，パッチ，マトリクス，コリドーという異なる構成要素が組み合わさることで，草地を生育・生息地とする動植物だけでなく，草地とそれを取り巻く樹林地や農地を行き来するようなさまざまな生物の生育・生息地空間として機能している．たとえば，鳥類群集を対象とした研究事例では，放牧地周辺の植生や土地利用状況によって，出現個体数が異なっており，草地だけでなく水田や広葉樹林，針葉樹林などの存在も重要な要因であることが示唆されている．

　島根の三瓶山(さんべさん)は，かつては山の大部分が放牧地として管理され，その景観が優れていたことから大山隠岐(だいせんおき)国立公園に編入された経緯があったが，今では管理放棄や植林によって草地空間は徐々に失われつつある．これは，九州の阿蘇山など，主要な放牧地域においても共通する傾向であり，草地ランドスケープにおける樹林地の割合が増加しつつある．草地性の種は移動力が大きいと考えられているものの，草地性のチョウ類などはこうした樹林地の存在により移動を妨げられることが知られている．このようなランドスケープ構造の変化により，特定種の個体群の動態が変化するだけでなく，それらの種と関わりをもつ種群への影響も懸念されている．

1.4　牧畜による草原の利用

(1) 遊牧にみる草地資源の効率的利用

　牧畜は，草原における最も重要な土地利用である(図1.2)．エネルギーの流れからみれば，牧畜とは家畜を通して植物を利用することであり，植物を直接利用する農業に比べて効率は悪い(赤木，1990)．しかし，作物生産が困難な地域でも植物バイオマスを利用できるという点において，とくに乾燥気候に適応した土地利用形態といえる．

　乾燥地での牧畜は，主に遊牧とよばれる放牧システムによって行われてきた．これは，家畜のための草と水を求めて放牧地と居住地を移動させる方法である．乾燥地の遊牧には，水不足や暑さに強いラクダ，ヤギ，ヒツジなどの家畜が主に利用される．遊牧民の行動は，草地の分布や成長の季節的変化に応じてほぼ決まった移動経路をとることが多い．

モンゴルでは，より良い牧草地を求めて行われる家畜の移動をオトルとよぶ．オトルは移動距離や移動先を変えながら，さまざまな季節で行われるが，その目的は季節によって異なっている．夏から秋にかけては，新鮮な栄養価の高い牧草を家畜に与えて肥育するため，冬は，雪や寒さから家畜を保護して厳しい時期を乗り切るため，春は，早く芽生えた草を与えて体力を回復させるために，それぞれオトルが行われる．たとえば，秋のオトルでは，冬の体重減少に備えるためにタンパク質の多いユリ科植物の豊富な牧草地を選ぶことが多い（今岡，2005）．一方，前述したツァガーンデルス（A. splendens）のように稈が硬くなる植物は，夏の間には家畜に食べられないかわりに，牧草が少なくなる冬期や春先に，オトル先の貴重な飼料として利用されることが多い．こうした季節ごとの定期的な移動に加え，ゾドとよばれる雪害・寒害や，干ばつのような天災が起きた際にも，被害を最小限に抑えるためにオトルが行われる（吉田，1982）．

　もう1つの例として，アフリカのサヘル地帯西部における遊牧民の草原利用を紹介しよう．ここは，北側のサハラ砂漠に近い乾燥した草原と，南側のサバンナの間に位置するが，それぞれの草原は異なる特徴をもっている．前者は，タンパク含量は高いが生産量が低く，また水場が不足しているため家畜の飼養頭数に制限がある．一方後者は，植物の栄養価は低いものの乾季でも十分な生産量がある．そこで遊牧民は，乾季の間はサバンナでしのぎ，雨季になるとサハラ砂漠側の飼料価の高い草原に移動して家畜の体重増加をうながす，という季節移動を行っている（Breman and de Wit, 1983）．つまり，遊牧によって両方の草原の特性を生かすことで，乾燥地という厳しい環境での家畜の生存と生産向上の両立がはかられているのである．このように，遊牧は単なる粗放的・収奪的な土地利用というわけではなく，限界環境の中で考え抜かれた合理的な家畜生産システムということができる．

(2) 農林業との競合と共存

　草原地域の土地利用は牧畜が優勢であるが，乾燥度が低下するにつれて農地が多くなり，半乾燥地から乾性半湿潤地域にかけての地域，すなわち生業が牧畜から農業に移行する地域では，放牧地と農地が土地のほぼ半分ずつを分け合うようになる（MA, 2005b；図1.18）．こうした地域では，古くから農業

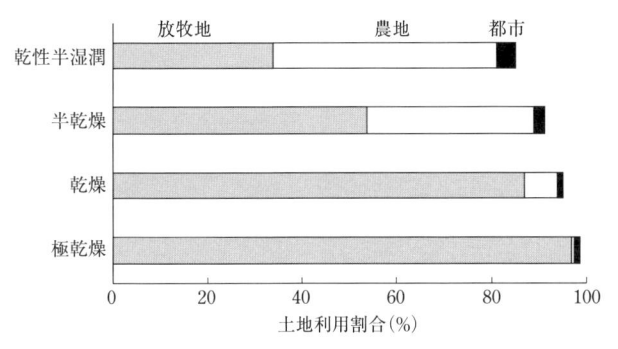

図1.18 乾燥地サブタイプごとにみた土地利用割合．（MA, 2005b を一部改変）

と牧畜が相互に影響を及ぼしあうような関係が続いてきた．農業−牧畜の境界域で最も多くみられるのは，放牧地の開墾による農地の拡大である．そして，農地の拡大はしばしば土地荒廃の問題を引き起こしてきた．中国内蒙古東部の半乾燥地域に位置するホルチン砂地は，過去数千年にわたってさまざまな民族と国による支配が入れ替わり，農業と牧畜がせめぎ合ってきた地域である．その結果，植生破壊による流動砂丘の拡大と植生回復による砂丘固定のサイクルが繰り返されてきた．石ら (1998) は，この地域の土地利用の歴史的展開と土壌発達との関係をまとめ，放牧を中心とした土地利用に対しては草原生態系が安定化の方向に進み，逆に粗放な農業的土地利用に対しては砂漠化が進行するという明瞭な関係を示した．後者は草原切替畑農法とよばれ，施肥，灌漑，除草などの管理を行わず，草原に蓄えられていた地力のみを頼りにアワ，コウリャンやソバなどの耕作を行い，地力が落ちてくると放棄して新たな草原を開墾する，という方法である．現在でも土地条件の悪い場所では依然としてこのような農法が営まれており，しばしば砂丘再活動を引き起こしている (図1.19左)．

一方で，農業と牧畜が時間的・空間的に共存し，双方が利益を享受できるような土地利用システムもみられる．たとえば，アグロパストラル (agropastoral) とよばれる農牧混合の土地利用システムでは，飼料用の作物栽培と牧畜を組み合わせることにより，放牧地への負荷の低減と家畜糞の農地への還元が同時に達成され，物質循環の面からも持続性が高まる (MA, 2005b)．西アフリカの半乾燥地域では，肥沃な土地は農地として，やや生産量の小さい土

図 1.19 牧畜と農林業との競合と共存．(左：中国内蒙古の草原切替畑農法，右：スペイン・エストレマドゥーラ州のデエサ)

地は放牧地として利用し，空間的に不均質な土地資源を上手に使い分けていることが知られている (Prudencio, 1993)．

　農業，牧畜に加え，林業を組み合わせた土地利用はアグロシルボパストラル (agrosilvopastoral) とよばれる．スペイン西部からポルトガル東部にかけての地中海性気候域にはコルクガシの疎林を主体としたサバンナ的景観が広がるが，ここではデエサ (dehesa) とよばれる複合的土地利用が古くから営まれてきた (図 1.19 右)．デエサの要であるコルクガシは，コルク，木材，家畜の飼料となるドングリ (堅果) の供給のほか，微気象緩和，養分循環，土壌保全，景観形成など，さまざまな生態系サービス提供の中心的役割を果たしている．一方，下層植生は，耕地や草地としてモザイク状に利用されるとともに，ドングリを餌とするイベリコ豚をはじめさまざまな家畜の放牧に供されている．さらに，複雑な水平的・垂直的構造は多くの野生生物の生息環境を提供している．デエサの最大の特徴は，特定の生物資源の生産を最大化するのではなく，多様な資源の持続的な利用を目指しているという点にあり，生産と環境保全がうまく調和した土地利用システムの例として知られている (大黒・武内，2010)．

コラム 1.4　自然的価値の高い草地

　自然的価値の高い草地とは，営農によって高い生物多様性が維持されている農地のうち，草地景観の卓越するものを指す．農地あるいは草地の自然的価値については近年，EU 諸国において関心が高まっており，「自然的価値の高い農地（high nature value farmland，以下 HNV 農地）」の保全を共通農業政策に組み込むため，共通の基準に基づく HNV 農地の抽出作業が進められている（大黒ら，2008）．EEA/UNEP（2004）によれば，HNV 農地は以下の 3 タイプ，すなわち，1) 半自然植生の割合が高い農地，2) 低集約農業または半自然植生と耕地のモザイク，かつ小規模な形状の農地，3) 希少種または欧州や世界の個体数のかなりが確認されている農地，に分類されているが，実際にはこれら 3 タイプは重複している場合が多い．ヨーロッパにおいては，HNV 農地のほとんどが，放牧地や野草地などの半自然草地，あるいは混牧林地などの低投入の農地であるというのが大きな特徴であり，代表的な例として，英国スコットランド・ハイランド地方（Highland）の放牧地，東～南ヨーロッパのステップ地帯，スペイン・ポルトガルの Dehesa，Montado とよばれる混牧林などがあげられる（図 1.20）．
　日本におけるシバ草地やススキ草地は，一定の粗放的な利用・管理がなされた結果，高い生物多様性が維持されてきた半自然植生であり，典型的な HNV 農地とみることができる．

図 1.20　自然的価値の高い農地の事例：ハイランド地方の放牧地．（イギリス・スコットランド）

1.5　世界の草原・草地が直面する問題

(1) 草原のオーバーユース

　遊牧に代表されるような伝統的な土地管理の技術や土地利用システムは，乾燥地の厳しい自然という制約の中で築かれてきたものであり，環境への影響を最小限にとどめつつ，限られた資源を持続的に利用するための知恵が凝縮されている．しかし，20世紀後半から急速に進んだ社会経済システムの変容と近代技術の導入は，乾燥地の土地利用と人々の生活を大きく変えることとなった．とりわけ，人口増加や畜産物への需要拡大に伴う家畜の放牧頭数の増加，遊牧民の定住化政策による牧民と家畜の都市への集中，草原の開墾による農地拡大等は，草原のオーバーユースを引き起こし，草原生態系の環境収容力を大きく上回る負荷を与えることとなった．なかでも，過放牧と不適切な農地開発は，「砂漠化」に代表される草原の劣化を引き起こしている．

(2) 過放牧

　過放牧とは，家畜の放牧密度（放牧圧）が高いことを表す強放牧や重放牧とは異なり，その地域の環境収容力（carrying capacity）を超えた放牧を行うことである．家畜の食料となる草の1次生産量をみると，やはり低緯度で降水量の多い地域は生産量が高く，高緯度の地域や砂漠に隣接する地域は生産量が小さい（図1.21）．続いて再び世界の放牧地をみると，放牧地としての利用率が高い地域はカスピ海周辺から中国の内蒙古に至る地域，北米のプレーリー，オーストラリアの東部と西部，ニュージーランド，南米の南の地域（パンパスとパタゴニア），アフリカのサハラ砂漠南縁と南部地域などである．この生産量と放牧地としての利用率を見比べると，アフリカの中央部と南部，南米のパンパスやニュージーランドは家畜の利用が多いものの，草の生産量も大きい．一方でカスピ海周辺から中国の内蒙古に至るステップ地域，北米のプレーリー，オーストラリアの東部（海岸部を除く）と西部，南米のパタゴニアなどは生産量に比べて家畜の利用率が高い．これらの地域は，実際にその多くで過放牧が問題となっている地域である．

　たとえば，北東アジアのステップ草原では，牧民の定住化，家畜の増加な

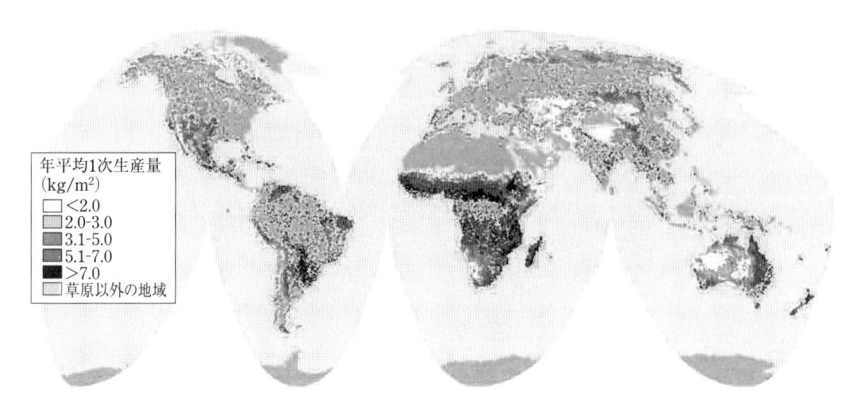

図 1.21 地球生産効率モデル（GLO-PEM；http://www.glcf.umd.edu/data/glopem/）によって予測された 1982～1993 年の間の世界の草原における 1 次生産量．（White et al., 2000）

どが原因で過放牧が進行している．ここでモンゴルの例をみてみよう．モンゴルでは従来，親族関係や社会・経済関係によってつながりをもつ 2～10 世帯が集まり，ホトアイルとよばれる単位を構成して遊牧を行っていた．しかし 1920 年代に誕生した社会主義体制のもと，それまでの自給自足的な経済から商品生産経済への転換がはかられ，遊牧民はネグデルとよばれる牧畜生産協同組合に参加し，土地や家畜を共同で管理することになった．ネグデル体制下では，ホトアイルにかわってソーリという作業班がネグデルによって組織され，牧民は，生産ノルマに従って定められた種類・頭数の家畜を飼育し，その労働に対して給付される報酬で生計を立てるようになった．ネグデル体制の評価については賛否両論あるものの，少なくとも放牧圧の分散による草地資源の適正利用という観点からは優れたシステムであったといえる（今岡，2005；Okayasu et al., 2007；冨田，2008）．

ところが，1990 年代初頭に市場経済への移行がはじまると，ネグデルが解体され，家畜の私有化が認められたため，牧民世帯数や家畜数は急増することとなった．その一方で，家畜の治療・衛生，井戸などのインフラの維持管理，干草の備蓄，畜産品の販売など，それまでネグデルの公的支援により支えられてきたサービスを十分に受けることができなくなった（冨田，2008）．そのため，経験や技術による貧富の差の拡大や放牧地の利用やオトルをめぐる

1.5 世界の草原・草地が直面する問題

図 1.22 ユーラシアステップで増加するヤギの放牧.

トラブルの増加など，さまざまな問題が顕在化している．とりわけ，都市部や幹線道路沿いへ放牧圧が集中することで，草原の局所的な荒廃が引き起こされている (Okayasu et al., 2007).

　需要の変化に対応した家畜種の変化もまた，草原の荒廃を引き起こす原因となっている．モンゴルではかつて，採食特性や嗜好性の異なる家畜種を同時に飼養していた．たとえば，馬はイネ科の牧草を好むが，ヤギやラクダはアカザ科の草本や灌木も好んで食べる．ウシとヒツジの嗜好性は類似しているものの，食べる高さや食べながら歩く速さが違うため，牧草をうまく分け合って利用することができる．このように，異なる種類の家畜を飼うことで，草地資源をまんべんなく利用することが可能になるのである（今岡，2005）．しかしながら近年では，高級繊維であるカシミヤへの需要の増大に伴い，カシミヤヤギの飼養頭数が急増している．ヤギは口が小さく草木の根元まで採食が及ぶため，他の草食家畜に比べて植物へのダメージが大きい．そのため，ヤギの増加は，草原の荒廃を加速化させる大きな要因とされている（図1.22）．

(3) 不適切な農地開発

　乾燥度の低い草原では比較的肥沃な土壌が生成されるうえに木本植物が少ないため，畑地に変えることが容易である．たとえば，ウクライナからシベリアにかけて分布するチェルノーゼムは肥沃な土壌であるため，自然の草原がコムギなどの穀倉地帯に姿を変えた．アメリカにあるプレーリーの一部は灌漑され，コムギ，ナタネ，アルファルファ，トウモロコシ，テンサイ，綿

表 1.2 世界の草原の主要な生態地域における土地利用の変化率と草原の残存率．(White et al., 2000)

生態地域	現在の草原の面積(%)	耕地に転換された面積(%)	都市地域に転換された面積(%)	その他の利用に転換された面積(%)
北アメリカの長草プレーリー	9.4	71.2	18.7	0.7
南アメリカのセラード林とサバンナ	21.0	71.0	5.0	3.0
アジアステップ	71.7	19.9	1.5	6.9
アフリカのサハラ砂漠以南	73.3	19.1	0.4	7.2
オーストラリア南西	56.7	37.2	1.8	4.4

図 1.23 モンゴルの耕作放棄地に広がるヨモギ属の植物 (*Artemisia macrocephala*)．

花等の栽培やフィードロットによる豚の肥育が盛んである．これらの農業活動が普及した結果，原生のプレーリーはわずか9.4%しか残されていない（表1.2）．南米のセラードやサバンナでは輸送や灌漑など農業技術の高度化により，農地に不向きな土地でも農業を行えるようになった．その結果，2000年までにその7割以上が農地に改変された（表1.2）．この農地化に伴う生息地の悪化や分断化が野生生物の多様性に悪影響を及ぼしている．同じく南米のパンパスではトウモロコシなどの栽培により，嗜好性，草量とも高いバヒアグラスの草原が減少しつつある．モンゴルでは，社会主義時代に草原の一部が耕地化されたが，生産量の低下に伴い放棄された．しかし，土壌理化学性が劣化したため，放棄後も長期間にわたって不嗜好性のヨモギ類が優占する状

態が続き，本来のイネ科草原への回復はほとんど進んでいない (Hoshino et al., 2009；図 1.23)．

(4) アンダーユースによる問題

　以上，草原の過度な利用が引き起こす問題を紹介したが，その逆に低利用が問題となっている地域もある．ヨーロッパや日本などの湿潤草原では，極相が森林で，草原はその遷移の途中過程で成立する．これらの地域では長期間攪乱が生じなければ，草原は森林へと遷移が進行する．草原と森林とでは湿度，温度，日射量，資源量などの環境が大きく異なるため，草原から森林への移行は，草原の環境に適応した生物の生息に大きな影響を及ぼす．また，たとえ森林にまで移行しなくとも，適度な攪乱によって維持されていた草原においてその攪乱がなくなった場合には，植物の種多様性が減少することが多い．これは，草原の中で競争能力の強い特定の種が優占するため (たとえば草高の高い種)，競争能力の弱い種が淘汰され (たとえば草高の低い種)，種の均等度が減少することが理由である．

　日本の公共牧場では，海外からの安い飼料の輸入により，放牧地の利用が低下の一途をたどっている．かつて大規模に造成された放牧地の多くが放棄され，その結果，草原の森林化が進み，草原固有の生物多様性や生態系機能が失われつつある．筆者らが東北地方の牧場で行った研究では，放棄に伴い植物の生産性，飼料価値や土壌の栄養塩濃度の低下が進行していることが明らかとなった．これは，雑草の増加や降雨による土壌栄養塩類の溶脱などが原因と考えられる．日本のように牧草の播種と施肥が必要な牧場では，一旦放棄された牧場を再利用するのはきわめて困難となる．

　以上のように，草原は過度に利用しても利用が低くても問題が生じることがあり，適度な利用バランスのもとで成立する．また，草原を維持することのできる利用の強度は，気候条件によっても異なる．

コラム 1.5 「里山」の構成要素としての半自然草地の変容と現状

　現在，日本において，開放的で多様な景観構造を示す草地ランドスケープは，一部の山間部の放牧地にしか残されていない．しかし，地域の自然と人間の生産・生活活動とが密接な関わり合いをもっていた時代には，山間部だけでなく，平地や丘陵地の農村地域においても，半自然草地は，農村ランドスケープの主要な構成要素となっていた．

　農村地域において，かつて採草地として利用されてきた半自然草地の植生は，大きく2つのタイプに分けられる．1つは，ススキやチガヤなどのイネ科草本とその他の草本植物が茂った草地的な植生である．もう1つは，草地に落葉広葉樹やアカマツなどの針葉樹が点在した植生であり，樸叢地（ほくそうち）ともよばれる．前者は，利用目的の違いによって，さらに2つのタイプに分けられる．1つは，冬期の舎飼の飼料や敷きワラとしての乾草の生産を目的とした採草地（冬草場）であり，主に入会地（いりあいち）として集落から比較的はなれた場所に大面積に存在したことが知られている．これらの採草地は，隔年利用であり，利用年の早春に火入れが行われ，7月後半以降，2ヶ月間刈り取りが行われていた．他方は，夏期に家畜に与える生草の採取を目的とした採草地（夏草場）であり，主に耕作地に隣接した場所において小面積に存在したことが知られている．火入れは行われず，毎年夏期3，4ヶ月間継続して採取が行われていた．一方，樸叢地では，10年前後のサイクルで伐採が行われ，薪炭（しんたん）や用材が生産されていた．また，田畑の緑肥などを得る目的での下刈りも行われていたため，林床の草本（主にススキ）を維持するために，光環境の良い疎林が成立していたことが知られている．

　それでは，平地や丘陵地の農村地域ではかつて，どの程度の草地が分布していたのだろうか．農業環境技術研究所の研究グループは，茨城県南部の台地域を事例に，明治前期（1880年代）に測量された迅速測図から当時の土地利用分布を解析した．その結果，冬草場としての採草地や樸叢的採草地が台地上に広く分布しており（牛久（うしく）地域では14％），水田や畑とほぼ同等の面積を占めていたことが明らかになった．これらの採草地は，村落や畑地，林地とともに，一定の規則性のもとで，台地上にモザイク状に配置されており，草地が家畜の飼料採集や自給肥料の供給地として農業景観の重要な構成要素であったことが確認された（図1.24）．

　しかし，環境省の現存植生図（1980年）との重ね合わせ処理を行い，過

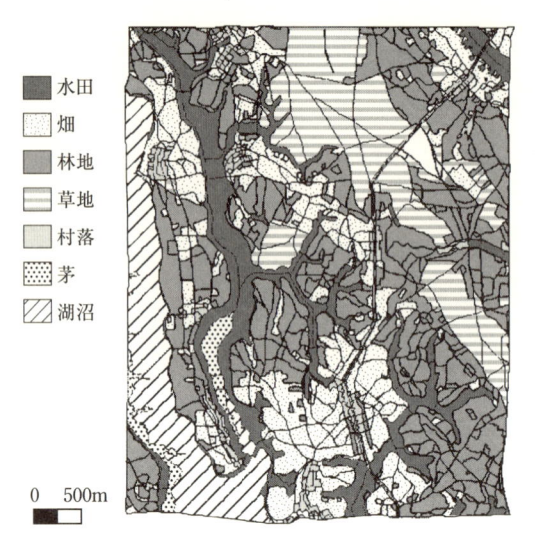

図1.24 迅速測図による1880年代の牛久地域の土地利用．(スプレイグ・岩崎, 2004)

図1.25 谷津田周囲のすそ刈り草地 (茨城県稲敷郡, 写真提供: 山本勝利氏) と, 草原性のチョウ・ヒョウモンモドキ．(写真提供: 中村康弘氏)

去100年間の土地利用変化の傾向を調べた結果，こうした平野部の草地は，明治前期以降の農地化や，高度経済成長期以降の都市化の進行または植林により，100年の間にその大部分が消失したことがわかった．また土地利用の転用を免れた草地であっても，その後の管理放棄により樹林化が進行し，草地はほとんど確認できない状態にある (スプレイグら，2000)．

　一方，丘陵や台地に囲まれた浅い谷の底が水田として利用されている谷津田では，水田への日当たりをよくするため，周辺斜面林下部の草刈りを定期的に (夏期に複数回) 行っており，かつての夏草場に相当する草地植生 (すそ刈り草地) が帯状に成立している (図1.25上)．こうした小規模な斜面上のすそ刈り草地では，立地の複雑な水分および光条件を反映して，乾性，湿性の両環境を好む多様な草原生植物がみられ，種多様性の高い群落が形成されていることが多い．半自然草地の減少がとりわけ著しい平野部において草原生動植物が現在でもみられるのは，農業活動の一環として維持され続けているすそ刈り草地のような場所に限られるようになりつつある．草原性のチョウであるヒョウモンモドキは，近年の生息地の減少により環境省レッドリストの絶滅危惧ⅠA類に指定されているが，中国地方のある地域では，わずかに残された湿原とともに，休耕田・放棄水田や畦畔がこのチョウの主要な生息地となっている (大黒，2000；図1.25下)．

(5) 外来種による問題

　草原における外来種の割合は比較的高く，たとえばコロラド州の自然草原では410種類の植物のうち70種類が外来種である (Licht, 1997)．これほどまでに草原で外来植物が増加した理由の1つは，畜産振興のための牧草のグローバル化である．たとえば，オーストラリアや日本では牧草として導入されたライグラス類やクローバーなどが放牧地から逸出して定着している．これらの牧草が定着に成功した理由として，高い種子生産性や，品種改良による高い環境適応性などが挙げられている．インド原産のイチビ (アオイ科) などの種子は家畜の飼料に混入して輸出され，その糞は堆肥化された後に飼料畑に投入される．その過程で種子は死滅しないため，飼料畑で発芽し，爆発的に発生していると考えられている．外来植物の定着は，在来の植物種を駆逐したり，在来種とのハイブリッド種を形成して遺伝的多様性の変化を引き起こ

している.

　日本では，2015年に環境省が中心となって侵略的外来種リストが作成され，その中にはカモガヤ(牧草名オーチャードグラス)やホソムギ(牧草名ペレニアルライグラス)等の牧草が含まれている．ところが，これらの外来牧草はすでに主要な家畜の粗飼料として広く流通しており，畜産業に欠かすことのできない存在となっている．もし，外来牧草が侵略的外来種として利用制限の対象となった場合，畜産業界に大きな混乱を招くであろう．

第2章　草原・草地の攪乱

　攪乱 (disturbance) とは生態系，群集，個体群の構造を破壊し，資源の利用可能性や物理的環境を変化させる事象である．草原に卓越する攪乱の中でもとりわけ生態系に大きな影響を及ぼしているのが放牧である．そこで，大型草食動物である家畜の放牧による生態系への影響を1節と2節で取り上げ，3節では放牧以外の攪乱を取り上げる．

2.1　家畜行動からみたメカニズム（家畜スケール）

　PlachterとHampicke (2010) は家畜による放牧草地への生態学的な影響を図2.1のようにまとめた．生物の多様性に影響を与える放牧家畜の行動として採食，移動（踏圧），排泄がある．実際にはこれらの影響が複合的に作用して生物に影響を与えるのであるが，メカニズムが異なるのでそれぞれ分けて説明

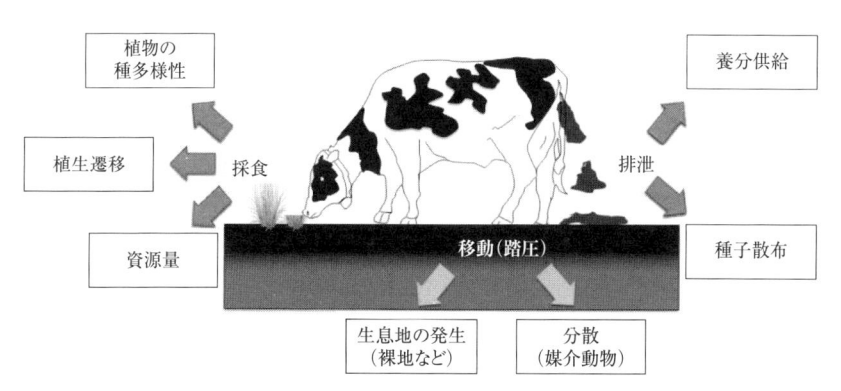

図 2.1　家畜の行動による放牧草地への生態学的な影響．矢印の先は家畜の行動によって発生する生態系への影響を示している．（Plachter and Hampicke, 2010 を改変）

する．

(1) 採食

　採食とは草食動物が植物を口から摂取する行動で，放牧成牛は生草で約 0.05〜8 g のバイト（食いちぎり）を 1 日に 1 万 2000〜3 万 6000 回も行う（Freer, 1981）．牛の場合草丈が 3〜5 cm になるところまで，ヤギはそれよりももっと地面に近い部分にまで採食が及ぶ（根を食べることもある）．食べられても再び伸びてくれば植物種は置き換わらないので種構成に大きな変化は起こらないはずである．ところが，採食による影響は植物の種によって大きく異なり，採食に弱い種は食べられた後再成長できずに，そのまま枯れてしまうことがある．植物が枯れた後には，空きパッチ（空間）が生じ，他の種が侵入可能なニッチが生じる．このパッチに横から他の種が匍匐茎や地下茎を伸ばす，あるいは埋土種子や散布種子が到着して発芽すると種が置き換わる．スイスで野外操作実験によりウシの行動（攪乱）別に処理区を設定し，その後の植生の変化を観察した（Kohler et al., 2004）．その結果，採食区はウシの放牧区と似た植生が形成されていたことから，植生を変化させる家畜行動の中でもとくに重要であると考えられる（図 2.2）．

　採食の影響力が植物の種によって異なるのは，採食後からの再生力や集団の繁殖戦略，採食を回避する能力の違いに起因する．この再生力の違いは，分裂組織の量，発育ステージ，成長点の位置，根の構造，食べ残った葉の面積，食べ残った葉の光合成能力，利用可能な養分（炭水化物）貯蔵量とその養分を再成長に必要な部位に配分する能力などが影響していると考えられる（Vallentine, 2001）．あるイネ科植物は採食を受けた後数時間から 7 日間までの成長速度は根などに蓄えられた利用可能な炭水化物の貯蔵量に影響を受け，その後の成長速度は葉面積や養分摂取に最も影響を受ける（Richards et al., 1987）．1 年生の植物は地下部に養分を蓄えていないので，再成長は食べ残った葉面積に依存する．仮に多くの割合の植物体が失われた場合には，その後の光合成能力が重要になってくる．何回も繰り返し食べられると貯蔵されていた養分が枯渇し，根の成長量の低下，新芽の発達障害，植物全体の成長量の減少という段階を経て，最終的に死に至る．成長点とは植物の根や茎の先端にあって細胞分裂を行う部分である．たとえば，ススキは夏に大きく草丈が成長し，

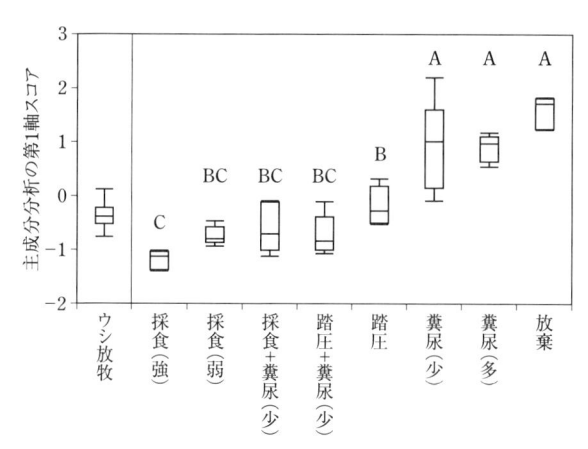

図 2.2 主成分分析(PCA)によって得られた各実験処理後(秋)の植生の座標スコア．左端のウシ放牧は実際の放牧地，右端は何も処理をしていない放棄地，他はウシの活動を模したものである．スコアの分布が互いに近いものほど植物の種構成が類似し，遠いものは種構成が異なることを意味している．Turkey-Kramer HSD によって有意な差($P<0.05$)が認められた場合には箱ひげ図の上に異なるアルファベットを付してある．(Kohler et al., 2004)

それに伴って成長点も上に位置するようになる．そのため，夏以降に採食を受けると成長点が失われ，再成長することが困難となる(山根ら，1980)．しかし秋になると地上部にある同化産物が地下に転流し，地下茎にデンプンとして蓄えられる．そのため，採食を受けても翌年度の伸長に対する影響は小さい．シバが採食に強いのは，成長点が低いことと複数の株が地下茎でつながっており，採食を受けても地下茎を通して再成長に必要な養分を他の株から譲り受け，次々に展葉することができるからである．また，草丈の低い種にとって周辺の草によって被陰されてしまうような環境では，採食を受けることで光環境が改善し，分布を拡大する．

　集団の繁殖戦略によって採食に対応してきた種群もある．他の攪乱と同様に，頻繁に採食を受ける場所では相対的に不安定で死亡率が高くなるため，速やかに侵入し繁殖を行うことのできるr型戦略を有した種(1年生の植物など)が有利になる(Begon et al., 1996)．

　採食を回避する能力が種によって異なるのは，植物が草食動物の採食に適応するために物理的，化学的な防御機構を進化させてきた結果である．植物

の中には草丈を低くすることで採食を回避しようとした種もいる．バラ科等の植物は茎に棘をつけることで，イネ科はガラス質で鋭利なシリカ (Si) をもつことでそれぞれ採食から身を守っている．ツツジは2次代謝物質としてグラヤノトキシンなどの中毒成分を生成することで採食から身を守るように進化している．

　家畜の選択採食は植物の種構成に影響を与える．草食家畜は草であれば何でも食べるというわけではなく，種類によって好き嫌いがある．家畜の採食行動には動物の意思決定が働くため，刈り取りのように均一に草を取り除くことはない (Bailey et al., 1996)．草地内で不均一に採食するため，植生に空間的異質性が生じやすい．嗜好性の高い植物種とは一般に栄養価が高く，繊維分が少なく柔らかいという特徴がある．草量が十分である場合，嗜好性の高い植物種は早い段階で採食を受けるため速やかに姿を消し，嗜好性の低い種は食べられずに残るため，嗜好性の低い種の優占度が大きくなる．しかし，草量が不足する場合には，家畜が体を維持するために選択性が失われ，嗜好性の低い草でもある程度食べるようになる．そのため，放牧圧が高くて草量が不足する場合には，空間的異質性が生じにくい．

　採食における草種の選択性は畜種によって異なるため (Vallentine, 2001)，放牧圧が同じであっても異なる家畜を放牧した場合には異なる植生が形成される．体が大きくグレイザーであるウシはより繊維の豊富な低質のイネ科草本を中心に，体が小さくブラウザーであるヤギはより繊維が低く高質な植物の部位を選んで食べる (Yoshihara et al., 2008)．このような畜種による植物選択性の違いを利用して，放牧地で目標とする生物多様性を目指す試みもある (Rook et al., 2004)．

(2) 排泄

　ウシは1日に数十kgもの糞尿を放牧地に排泄する．大型草食動物の糞尿には窒素，リン酸，カリウムなどの肥料成分が含まれている．糞は排出された直後は土壌の窒素濃度に影響を与えないが，細かく分解される頃には直下の土壌の窒素濃度を糞と同程度まで高める (Dai, 2000)．糞尿は細かいスケールで土壌栄養塩類濃度の異なるモザイク状のパッチを形成する．糞尿のみをまいた土壌に成立するその植生は，他の攪乱や実際の放牧地の植生とは植物構

成が大きく異なる (Kohler et al., 2004; 図 2.2). 一般的に糞尿が蓄積した場合にはアカザ科やタデ科など特定の施肥反応の大きな種が優占する. 糞尿は適度であれば植物の成長を促進するが, 過剰にあると浸透圧が増加し, 植物が土から水分をうまく利用することができないいわゆる肥料焼けの状態になる.

放牧地での糞は雨によって流されたり, 糞虫や鳥によって持ち去られたりすることで徐々に原形が失われてゆく. 気候等により左右されるが, 放牧地での糞尿の完全な分解には数週間から数年が必要とされ, 土壌への影響 (土壌有機物, 窒素やリン濃度) は 1 年以上続いていたという報告もある. 乾燥地ではすぐに乾き風で移動するため, 直下の土壌への影響は限定的である.

草食動物の糞尿中には, 摂取した植物の種が含まれていることがある. 一般的に植物の種は採食時に咀嚼を受け, さらに動物の消化管内を通過する間に物理的・化学的なダメージを受けるため, 排泄物に含まれる種子の発芽率は低下する. ところが, 一部の植物種は種皮を厚くするなど動物との共生進化を発達させることにより, 発芽能力を維持してきた (動物種子散布). その結果, 動物により運ばれた植物種が加入し, 草原の種多様性の増加に貢献している. ウシは反芻を行うため種子のダメージが大きいと考えられるが, 意外にも非反芻獣であるウマと変わらず体内を通過した種子の発芽率が数パーセントであった. この発芽率は決して高いものではないが, 種子の密度が高いため, ウシも重要な種子散布者である (Cosyns et al., 2005).

(3) 移動 (踏圧)

ウシは数百 kg, ウマの中には 1 トンを超えるような大きな体重を有するものもいるため, 移動時にウシで 0.5 kg/cm^2 という大きな接地圧が地表面にかかる (山根ら, 1980). そのため, 植物の株は踏みつぶされ, 茎に大きな損傷を受けることがある. ヒツジを放牧した場合, 家畜が採食した植物量と同程度の量が踏圧によって損傷を受けていた (Laycock and Harniss, 1974).

踏圧による植物への影響は, 直接的な影響 (踏みつぶし) よりも土壌を介した間接的な影響の方が長く残る. 排泄による土壌への影響は化学的変化であるのに対して, 踏圧は土壌の物理的変化に特徴づけられる. 家畜によって頻繁に踏まれると土壌密度が上昇する (図 2.3). 土壌密度が上がると, 土中における水の浸透量が減少する. 浸透量が減少すると土壌表面では侵食を発生さ

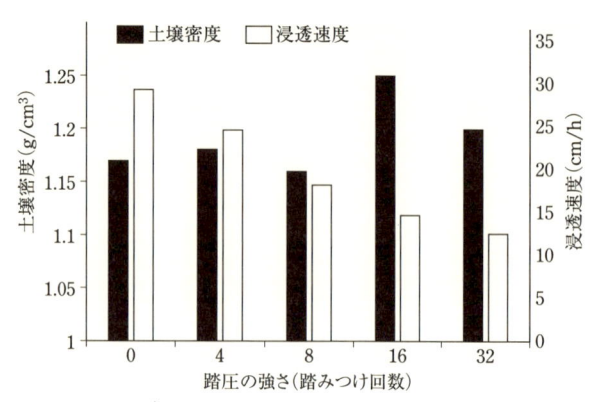

図 2.3 プレーリーで人工の蹄を用いて踏みつけを行い，土壌密度と水の浸透速度を調べた結果．(Abdel-Magid et al., 1987 を改変)

せ，土壌中では水分が減少するため，とくに乾燥地では植物に大きな水分ストレスを与える．また，土壌が踏み固められると，種子の発芽率が低下する．

ヒトに通路を踏ませて植物の反応を調べた研究では (Cole, 1995)，ヒトの通過回数が増加するにつれて植物の被度は減少したが，その反応 (踏圧に対する抵抗力やその後の回復力) は植物の生育型によって異なっていた．叢生型の植物やマット状の根を形成するイネ科植物は踏圧に対する抵抗力があり，直立型の双子葉類は弱かった．水飲み場など湿った土壌では，家畜が頻繁に踏みつけても固まらず，泥濘化する．日本のような傾斜のある放牧地では降雨後の軟らかい土壌を牛が踏むことによって植生が剥がれ，裸地ができることがある．この裸地に周辺から他の植物種が侵入し，種構成が変化する (Bullock et al., 1995)．

2.2 放牧地空間からみたメカニズム (放牧地スケール)

前節では家畜個体という小さなスケールで家畜行動による影響を捉えたが，ここからは放牧地という広いスケールでその影響を捉えていく．このスケールでは家畜行動による影響は放牧様式や実際の放牧管理とも密接に関わっている．広いスケールで攪乱を扱う際には，攪乱の時空間的な動態を考慮した攪乱体制の概念を用いる必要があるだろう．攪乱体制とは，景観生態学の分

野で頻繁に用いられている用語で，攪乱の時空間的な動態のことを意味している．つまり，攪乱の空間分布，頻度，規模，強度などの特徴を含む (Turner et al., 2001)．もともと嵐や火災などスケールの大きな攪乱に対してその概念が適用されてきたが，放牧という攪乱に適用することで，放牧による生物多様性への影響やそのメカニズムが理解しやすい．

(1) 攪乱と遷移

攪乱体制と植物の種多様性の関係を理解する上で，植物の遷移についての知識が必要となってくる．植生遷移 (succession) とは時間とともにある場所の植生が一定の方向性をもって変化していく現象である．具体的には，裸地からはじまりコケ類が侵入し，草原，低木を経て，森林が形成される一連の過程を進行遷移とよぶ．その逆に，攪乱が生じた場合には，この遷移の逆の過程をたどる．たとえば，森林火災や台風などの攪乱が起こった際には，森林は破壊され，草本が卓越する植生へと戻ることがある．同様に，それらの大規模攪乱と比べると遷移系列の変化する幅は小さいが，草原における放牧も遷移を逆に戻す作用がある (図 2.4)．土地劣化を議論する際はこれを退行遷移とよんでいる．一般的に，攪乱が強いほど，遷移系列が戻る幅は大きい．

もしある空間で攪乱が生じなかった場合には，空間内の植生遷移はどこも同じように進むことから，時間が経っても空間内には同じ遷移段階の植生が成立することになる．通常，同じ遷移段階の植生は類似した種構成が成立し，

図 2.4 放牧拠点 (簡易畜舎) から離れた場所 (左) と放牧拠点に近い場所 (右) の植生の様子 (写真は筆者撮影)．写真はモンゴル国ドンドゴビ県マンダルゴビで撮影したもの．放牧圧によって異なる植生が形成されていることがわかる．

別の遷移段階の植生とは植物の種構成が異なる．したがって，攪乱がない場合に比べて，空間内に攪乱が部分的にある場合の方がさまざまな遷移段階にある植生が共存し，植物の種多様性が高くなる．

(2) 放牧による攪乱を空間で考える

以上の説明を踏まえて，まずはじめにある空間（放牧地）を想定し，放牧による植物の種多様性への影響を考える．図2.5のように，牧柵で区切り，一部の牧区に家畜を入れた部分放牧地（左），放牧をしない無放牧地（中）と，牧柵を設けず放牧を全面的に行った全面放牧地（右）を用意した．十分に放牧させた場合，無放牧地や全面放牧地に比べると，通常は部分放牧地の方が植物の種多様性が高くなる．これは，前節で述べたように，部分放牧地内の放牧している牧区と放牧をしていない牧区とで出現してくる植物の遷移段階（種構成）が異なることが要因である．そのため部分放牧地では他の放牧地に比べて，放牧地全体の総種数，それぞれの種の量的均等度 (evenness) が大きくなる．多様度指数は種数や均等度に比例して大きくなるので，部分放牧地で最も植物の多様性が大きくなる．

(3) 空間スケールを考える

空間スケールとは対象またはプロセスの時間的，空間的な範囲を指す (Tuner et al., 2001)．スケールには最小単位 (grain) あるいは解像度 (resolution) と範

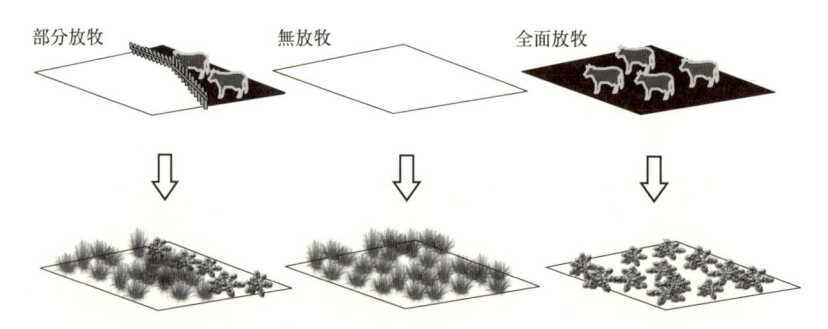

図 2.5 放牧の空間パターン（上）とそれによって生じる植物の空間パターン（下）の模式図．放牧地にある黒い部分は放牧によって攪乱を受けた範囲を示している．

囲 (extent) の概念がある．範囲とは研究対象地の大きさのことである．放牧による生物多様性への影響は，スケールによって逆の結果を招くことがあるため，対象地の大きさは非常に重要である．たとえば，放牧によって生じる攪乱の範囲よりも小さい範囲で植生調査を実施すると，調査範囲すべての空間が攪乱を受けていることになるため，攪乱パッチに出現する種のみが出現する単純な植生になる．一方，放牧によって生じる攪乱の範囲よりも十分に大きい範囲で植生調査を実施すると，調査範囲内に攪乱を受けているパッチと受けていないパッチの両方を含むことになるため，多様性はより高い値になると考えられる．

(4) 攪乱による影響の程度を考える

図 2.5 では放牧による攪乱を黒色で単純に示したが，実際には攪乱による影響の程度は均一ではないはずである．ある場所は攪乱の頻度や強度が大きいため植生への影響が大きく（たとえば連続的な採食），ある場所は攪乱の頻度や強度が小さいためその影響が小さい（たとえば単発の採食）．そして，もしこの影響の程度が違うことで出現する植生が異なれば，この攪乱による影響の程度は植物の種多様性に影響を与えるはずである．実際に，家畜による採食の頻度を変えた実験において，頻度による植生への影響がみられた (Dorrough et al., 2004)．すなわち，この攪乱による影響の程度は放牧による種多様性への影響を考える上で無視できないものである．

(5) 時間を考える

つぎに時間の概念を組み込む．図 2.6 の放牧地は同一の空間であり，t_1〜t_3 は時期が異なるものとする．黒の濃淡は攪乱による影響の程度を示し，濃いほど影響が強いことを示している．たとえば図 2.6 左のように t_1, t_2, t_3 の時期にそれぞれ異なる牧区に放牧したとする（輪換放牧）．無放牧の状態は植生の遷移が進行することであり，放牧（攪乱）はその植生の遷移を戻すことである．そのため，t_1 や t_2 で放牧した牧区は，放牧直後には遷移初期の状態であるが（黒で示してある），t_3 の時期ではやや遷移が進行し，植生が回復した（グレー色）．影響の程度が強い攪乱パッチも，時間が経てば植生が回復し，影響の程度が弱い攪乱パッチと同等の遷移段階とみなせるわけである．その結果，

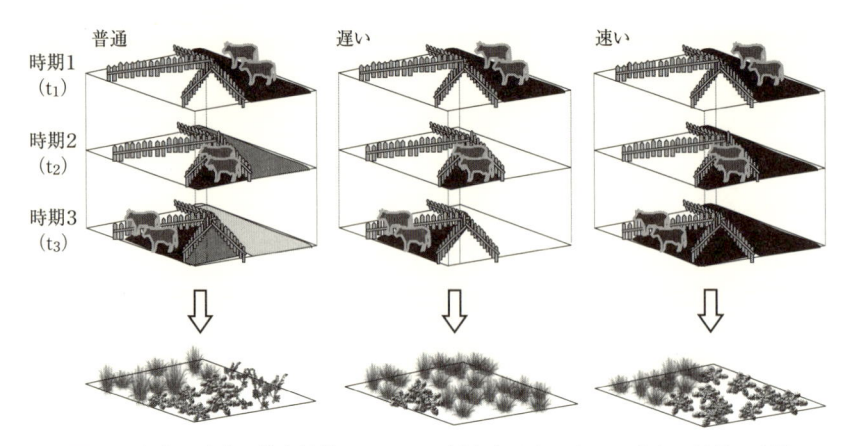

図 2.6 転牧の速度に伴う放牧のパターン（上）とそれによって生じる植物の空間パターン（下）の模式図．放牧地にある黒い部分は放牧によって攪乱を受けた範囲を示し，色の濃淡は攪乱の影響の程度を示している．

t_3 の時期では空間内に遷移段階の異なる植生が共存していて種の多様性が高い状態となる．

ただし転牧（放牧する牧区を変えること）のスピードや場所が重要であり，放牧による多様性増加の効果が十分でないこともある．たとえば，図 2.6 中のように転牧が遅い場合には，t_2 の時期には t_1 で放牧した牧区がすでに時間が経過して植生が回復している．そのため，t_3 のように最後になっても異なる遷移段階の植生は共存しにくい．一方，図 2.6 右のように転牧が速い場合には，t_3 の時期になっても放牧した牧区は植生が回復するのに十分な時間が経っておらず，植生の遷移段階の違いは乏しい．

すなわち，牧区間に十分に植生の遷移段階が異なるような攪乱を創出することによってはじめて放牧地スケールでの多様性の創出が可能となる．ただし，これらは攪乱による影響の程度によって植生が異なることを前提としている．図 2.6 の中での色の濃淡で植物の種構成に違いが出ないような放牧地ではこの限りではない．

(6) 放牧前の植生と放牧の空間パターンを考える

ここまでは，放牧前の植生が均一である放牧地を想定してきた．しかし，実際の放牧草地は過去の攪乱や地形等の影響によってすでに不均一であるこ

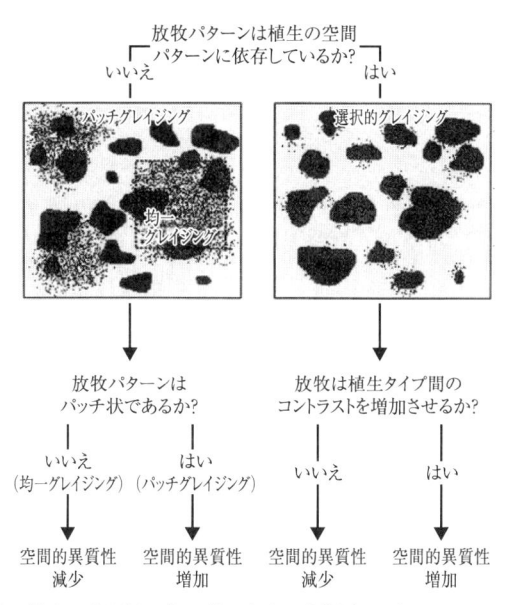

図 2.7 放牧が植生の空間的不均一性に与える影響を予測したフローチャート．四角で囲った図は放牧地の空間を表し，その空間内の濃い灰色は植生のパッチ，黒い小さな点は採食の分布を表している．(Adler et al., 2001 を改変)

とが多い．そのような場合はどうか．Adler ら (2001) は放牧による植生の空間的異質性への影響は，既存の植生と放牧の空間パターンに依存するという仮説を立て，これを過去の実証研究のレビューとシミュレーションモデルによって検証した．この仮説では，放牧の空間パターンが植物の空間パターンに依存しない場合には，その放牧の空間パターンが均一であるときに空間的異質性が減少し，放牧の空間パターンがパッチ状であれば空間的異質性が増加すると予測した (図 2.7)．一方，放牧の空間パターンが植物の空間パターンに依存する場合には，その放牧が植生のコントラストを小さくする場合には空間的異質性が減少し，コントラストを大きくするようであれば空間的異質性が増加すると予測した．その結果，シミュレーションモデルの方では，用いたシナリオによって結果が異なったが，過去の実証研究ではおおむねこの予測を支持する結果が得られた．

2.2 放牧地空間からみたメカニズム (放牧地スケール)　　49

(7) 空間を考慮して放牧による生物多様性への影響を考える

　以上のメカニズムを踏まえ，放牧が植物の種多様性に及ぼす影響を考察する．まず，放牧によって植物の種多様性が増加するのは，家畜が放牧地の空間内に攪乱の空間的異質性を生じる場合に他ならない．すなわち，対象とする空間スケールの放牧地内に影響の程度が異なる多様な攪乱パッチが存在することで，攪乱パッチごとに異なる遷移段階の植生が出現した結果，放牧地全体で多様性が高くなるということである．一方でその逆，家畜が放牧地空間内に攪乱の空間的異質性を生じない，すなわち対象とする放牧地内の影響の程度が等しい場合，放牧地全体で種の多様性が小さくなるということである．

　Yoshiharaら（2014）は，日本の放牧草地にウシの採食を模した区，ウシの踏圧を模した区と無処理区（攪乱のない対照区）の実験区を設けた．実験後に出現した植物の種構成を調査した後，シミュレーションによりこれら3つの区の空間的割合が変化した際の多様度指数を予測した．その結果，無処理のパッチのみに比べるとウシの採食を模したパッチが増加するにつれて多様度指数は増加したが，多様性が最も大きくなったのは，ウシの採食と踏圧を模したパッチが共存した場合であった（図2.8）．

　次の3章で詳しい説明があるが，中規模攪乱仮説とは攪乱が中規模のあたりで攪乱依存種と競争優位種が共存し，種多様性が最大になるというメカニズムである．この仮説は放牧という攪乱においてもおおむね認められている．一般的にこの仮説は放牧圧を横軸にとっているが，空間を考慮したものではなかった．これまで述べた空間の概念を考慮すると，放牧圧が中規模で多様性が高くなるのは攪乱パッチの空間的異質性が高くなるためだと考えることができる．たとえば，放牧圧が低密度であると攪乱される範囲は小さく，大部分は攪乱されていないため，競争優位種が広く覆い，放牧地全体の植物の種多様性は小さくなる（図2.9）．放牧密度が高い場合，家畜は食べ物が不足するので選択採食をあきらめて（嗜好性の低い植物も食べて）放牧地全体で広く採食し，攪乱の空間的異質性は小さくなる．放牧地の大部分が攪乱を受けるので，攪乱依存種の優占する草地となり，放牧地全体の植物の種多様性は小さくなる．ところが，放牧密度が中程度の場合，家畜は食べ物に余裕がある

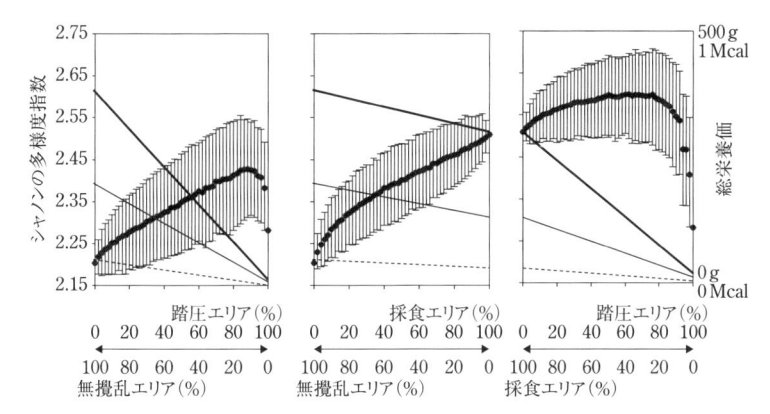

図 2.8 シミュレーションによって予測された放牧に伴う植物の種多様性と生産性の変化. 図中の黒丸と縦線は1000回のシミュレーションで得られた中央値と最大値, 最小値を表している. 図を横切る直線はそれぞれ単位面積あたりにある植物の総栄養価を表している. 上から順に, 可消化養分総量 TDN (g/m^2), エネルギー量 NEm ($Mcal/m^2$), 粗タンパク質 CP (g/m^2). (Yoshihara et al., 2014 を改変)

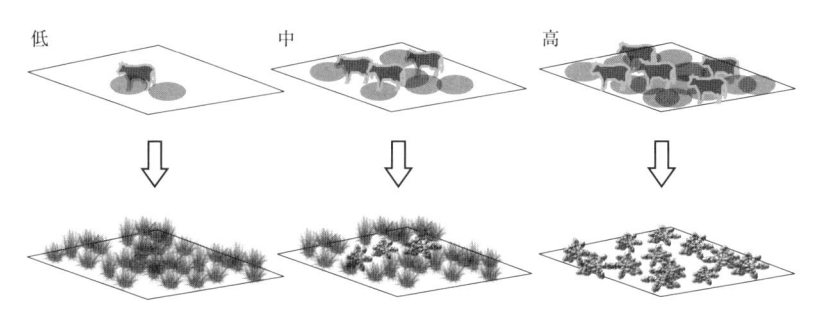

図 2.9 放牧圧 (上) とそれによって生じる植物の空間パターン (下) の模式図. 放牧地にある黒い部分は放牧によって攪乱を受けた範囲を示している.

ので嗜好性の高い草種を選択的に採食し, 攪乱がパッチ状になりやすい. その結果攪乱が空間的に不均一になると, 植物の種多様性が創出されやすいということである.

(8) 植物の空間分布と動物の多様性

これまで放牧が植物の種多様性に影響を与える要因を探ってきた. そして, 放牧によって多様性を維持するには攪乱を不均一にすべきことを強調してき

た．しかし，草原には植物以外にも昆虫など多くの他の動物も生息しているが，それらの生物の多様性への影響とメカニズムはどうか．家畜を草原に放牧すると，植生の林冠構造が変化し，昆虫の餌植物の変化，隠れ場や繁殖場所の発生などの影響が生じる．しかし，家畜は直接動物を食べるわけではなく，植物を介して間接的に他の動物に影響を与えるため（間接効果），放牧とその動物との影響がダイレクトに反応しにくい面がある．3.3節にあるように，放牧と植物との関係に比べて放牧と昆虫との関係は不明瞭である．これは，昆虫は確かに植物を介した影響を受けているが，同時に放牧とは関係のない要因にも影響を受けている可能性があるからである．つまり，間接作用はかなり単純なプロセスに絞ってあるが，実はみえない（あるいは小さい）多くのプロセスが潜んでいることが多い．

　以上のことから，放牧を用いて生物多様性の保全を考える場合，とりあえずは植物をターゲットにすればよい．なぜなら，植物を介して間接的に影響を受ける他の動物（植食者など）の数は，その多くが植物の多様性や空間的異質性と正の相関があるからである（Kruess and Tscharntke, 2002; Scherber et al., 2010）．これは，植物の空間的異質性が高くなるということは，動物の生存に重要な多様な生息場を提供することに相当する．環境の異質性が過度に増加することは分断化と表裏一体であり，逆に生物多様性へ負の影響が起こる可能性も考えられるが（intermediate heterogeneity hypothesis, Fahrig et al., 2011），それは主に森林伐採のように生息地の分断化が引き起こされるような場合であり，草原での放牧はあてはまらないだろう．実際に，Tewsら（2004）のメタ解析（過去に独立して行われた複数の研究データを収集・統合し，統計的方法を用いた解析手法）の結果では，草原における生息地の異質性と動物の多様性はすべて正の関係にあった．つまり，植物の多様性や空間的異質性を維持することで，ボトムアップ的に動物の多様性も同時に維持することにつながる可能性が高いからである（図2.10）．

(9) 空間的に異質な攪乱を利用した草原の生物多様性創出例

　これまでに生物の種多様性を維持するアプローチとして，対象とする草原の空間的異質性を創出することの有効性を紹介した．この考え方を応用した事例を紹介する．

図中ラベル:
- 動物の空間分布
- 植生の空間的異質性
- 土壌の空間的異質性
- 攪乱
- 家畜

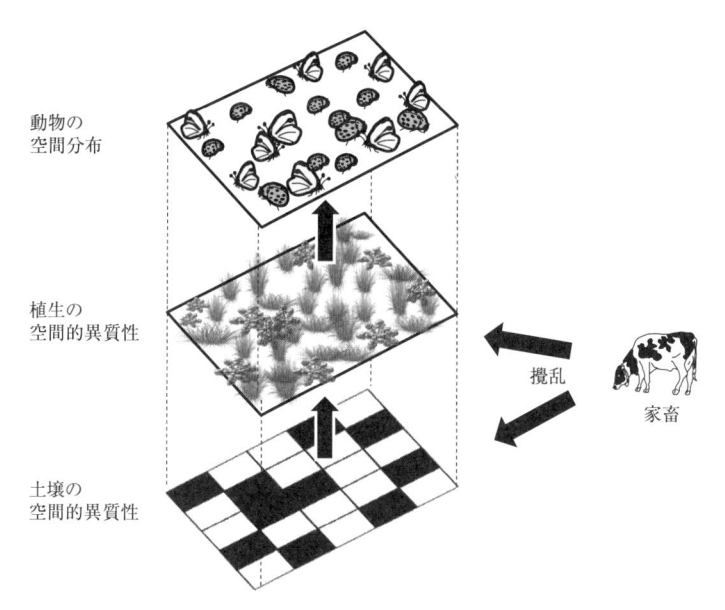

図 2.10 大型草食動物による空間的に不均一な攪乱が土壌や植物の空間的異質性を生み出す．土壌の空間的異質性は植物の空間的異質性を生み出し，さらに植物の空間的異質性は動物の多様性を生み出す．

図 2.11 の左は輪換放牧の利用図であり，柵を使って放牧地を小さな牧区に分け，そのある牧区の中に家畜を高密度で放牧し，十分に草を食べさせたらまた別の牧区に家畜を移動させることを繰り返すことで，草地を均等に利用することができる．ある放牧地の中を牧区に区切らずに全面を使って放牧させることを連続放牧とよぶが，広い草地の中では家畜は草を選り好みするため，輪換放牧と比べて草の利用率が低下する．そのため，集約的な生産システムのもとでは輪換放牧が一般的である．

ところが，輪換放牧は草地内を均等に使うため，植物の構造的，種構成的な異質性が創出されにくい．それに比較して，連続放牧では空間内に家畜が頻繁に利用する場所とあまり利用しない場所が存在するため，それぞれ異なる植生が創出され，より空間的異質性が創出されやすいと考えられる（図 2.12）．

空間的異質性をさらに高めるために，パッチ処理法（patch treatment）という方法が考案された（図 2.11 右）．この方法は，アメリカバイソンの放牧地内

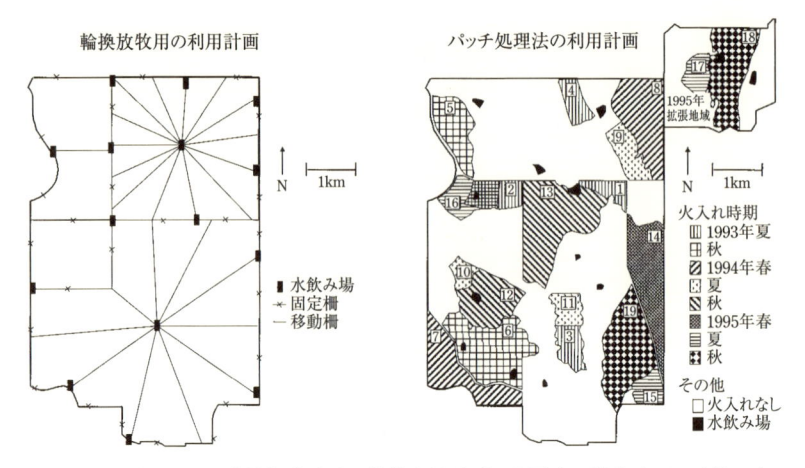

図 2.11 プレーリー自然保護地域の放牧利用計画．右図内の数字はパッチ状の火入れを行った順番である．バイソンが放牧され，自由に動くことが可能となっている．(Fuhlendorf and Engle, 2001)

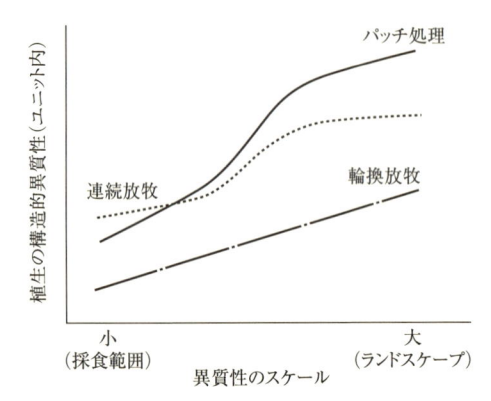

図 2.12 異なる放牧システムにおける空間スケールと空間内の構造的異質性の関係．(Fuhlendorf and Engle, 2001)

で順番にパッチ状に火入れを行う．火入れ後に栄養価の高い若い植物が再生してくるため，バイソンはそのパッチを選択的に採食する．すると，放牧地内に採食地と非採食地がモザイク状に出現し，とくに大きなスケールでの植生の空間的異質性が大きくなった．

草原に限ったことではないが，ヨーロッパでは異なる農業形態の土地利用（放牧地，採草地，作物畑，果樹園，林地など）がモザイク状にランドスケー

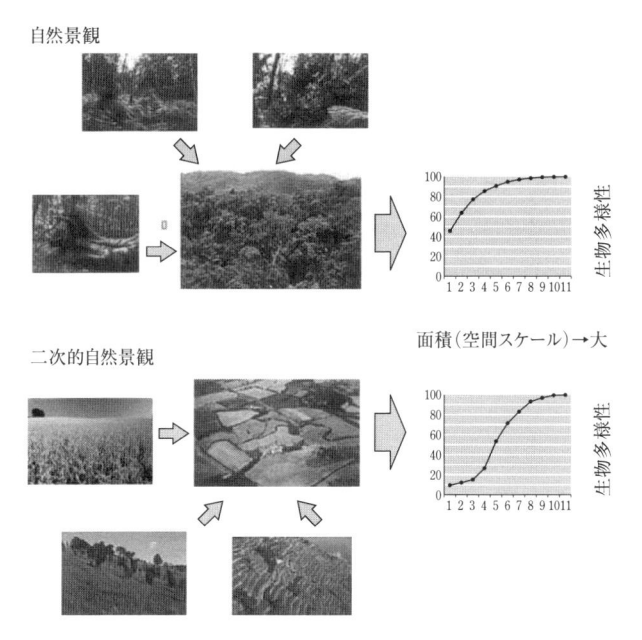

図 2.13 自然景観と人の利用によって維持されている二次的景観における，空間スケールの変化に伴う生物多様性の変化．（Plachter and Hampicke, 2010 を改変）

プを形成している．図 2.13 のようにヒトによってつくられた二次的自然は原生自然に比べると局所スケール（ある 1 つの土地利用単位）の生物多様性は低いが，もしさまざまな土地利用がモザイク状にランドスケープを形成するならば，より大きなランドスケープスケールでは原生自然に匹敵するような生物の多様性（γ 多様性；2.3 節）が維持される（Plachter and Hampicke, 2010）．この考え方はこの章で繰り返し述べてきたものと同じで，異なる土地利用にはそれぞれ異なる生物の種組成が形成される．そのため，それらの土地利用を包含する広いスケールでは全体の種数や種の量的均等度が高くなるというメカニズムである．すなわち，環境の空間的異質性の創出である．

コラム 2.1　空間的異質性の評価手法

　植物や土壌栄養塩類等の空間的異質性の程度はどのように評価したらよいだろうか．ここでは生態学の分野で使われている，得られた空間のデータ間の非類似度を求める方法を紹介する．非類似度にはいくつかの方法があるが，データの空間的な距離によらず複数地点間の，変動係数（CV），ユークリッド距離（ED），全体から類似度（Sørensen's QS index，Bray-Curtis 等）を引いて求める方法などがある．変動係数は，データの標準偏差を平均で割ったものであり，ユークリッド距離はピタゴラスの定理を高次元に適用したものである．たとえば，N種からなるサンプル a と b があるとするとき，サンプル a と b のユークリッド距離 ED は，次のように定義できる．

$$ED_{a,b} = \sqrt{\sum (P_{a,N} - P_{b,N})^2}$$

　さらに，調査プロット間の距離を考慮したのがセミバリオグラムである．距離 h における地点間の分散を示すセミバリアンス（γ）は，セミバリオグラム関数を用いて次のように定量化される．

$$\gamma(h) = \frac{1}{2n(h)} \sum_{i=1}^{n} [z(x_i) - z(x_i + h)]^2$$

　ここで，$n(h)$ は互いの距離 h におけるポイントの組の数を示し，z は地点 i における変数 x の値である．複数の距離 h に対してセミバリアンスを求めることにより，図 2.14 のような経験バリオグラムが得られる．この経験バリオグラムに最もあてはまりの良いモデル（線形モデル，指数モデル，球形モデル，ガウスモデル等）を適合させたものが理論バリオグラムである．理論バリオグラムの形状は，データの空間構造を表しており，(1) 同一の内在するプロセスによって変数が空間的に影響を受ける範囲を示した空間レンジ（spatial range），(2) 空間的パターンの強度を定量化するシル（sill）(3) 計測のエラー（サンプリングデザインやサンプリングユニットサイズによる）や環境変数によって誘発される本来備わっているエラーの推定値を示すナゲット効果（naget effect）が含まれる．これらの空間的自己相関パラメータを用いて，ある空間内の値を内挿することもできる（クリギング，図 2.16 参照）．

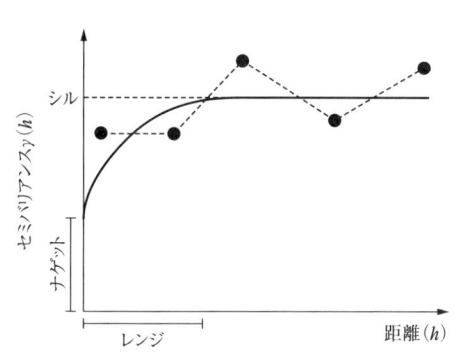

図 2.14 バリオグラムの例.点線は経験バリオグラムを示し,実線は理論バリオグラムを示している.

2.3 草原・草地に卓越するその他の攪乱

　草原に生息する穴居棲げっ歯類は草原の主要な野生動物であると同時に,採食や排泄をし,さらに地面を掘って巣穴をつくる生態系の改変者(エコシステムエンジニア)である (Jones et al., 1994).ヨーロッパや日本のように集約的な家畜生産を行っている地域では,草の生産性や質を向上させるために草地管理という攪乱を草地に与えている.乾燥地では野火や気候変動など自然由来の攪乱が卓越している.これらの攪乱もまた,草原の生物多様性や生産性に影響を与えている.

(1) 穴居棲げっ歯類による攪乱

　モンゴルを中心とした東アジアの草原にはリス科のシベリアマーモット (*Marmota sibirica*) が生息している.まず,マーモットによる攪乱に対して個々の植物種はどのように応答しているのだろうか.Sasaki ら (2013) は,マーモットによる攪乱が多年生イネ科草本の 5 種 (研究対象地域における主要種:*Agropyron cristatum*,*Carex korshinskyi*,*Elymus chinensis*,*Koeleria macrantha*,*Stipa krylovii*) の形質に与える影響について検証した.形質として,各種の個体別に葉の高さ,葉面積,葉面積あたりの葉重,根の長さを計測し,種ごとの形質の平均値,調査プロットに出現する全種の形質の平均値,各種が出現

表2.1 モンゴル国フスタイ国立公園における主要5種の葉の高さ，葉面積，葉調査プロットに出現する全種の形質の平均値，各種が出現する調査プロットモットの生息するサイトと生息しないサイトで比較した結果．種ごとの形質種の形質の平均値は18プロット（マーモットの生息するサイトおよび生息し変換されている）．カッコ内は標準偏差．(Sasaki et al., 2013 を改変)

	形質					
	葉の高さ (cm)			葉面積 (mm^2)		
パラメータ	マーモット在	マーモット不在	P	マーモット在	マーモット不在	P
種ごとの形質の平均値	1.08 (0.3)	1.17 (0.35)	0.14	−0.03 (0.28)	0.01 (0.25)	0.52
ニッチ幅	0.3 (0.07)	0.36 (0.06)	< 0.001	0.48 (0.02)	0.29 (0.08)	< 0.001
プロットの形質の平均値	1.39 (0.08)	1.57 (0.1)	< 0.001	−0.04 (0.15)	0.05 (0.09)	0.02

する調査プロットにおける全種の形質の平均値の幅（形質に基づくニッチ幅）を定量化した（これら3種類のパラメータの詳細はSasaki et al. (2013)を参照）．そして，この3種類のパラメータをマーモットが生息するサイトと生息しないサイトで比較した（表2.1）．マーモットが生息するサイトではイネ科草本5種はマーモットの被食を受けるため，葉の高さおよび葉面積の調査プロットごとの全出現種の平均値はマーモットが生息しないサイトより低くなるものと考えられた．また，マーモットの喫食，排泄，営巣に関する空間的に不均一なパターンによって，葉面積，葉面積あたりの葉重，根の長さについてのニッチ幅はマーモットの生息するサイトで大きくなったものと考えられた．以上のように，マーモットの攪乱に対する個々の植物種の応答は形質値の違いとして認められ，さらにその空間的に異質な攪乱によって，草原植物種のニッチ機会をより拡張する可能性があると考えられる．

　それではマーモットによる植物群落レベルへの影響はどうか．マーモットは巣穴の周辺を主な活動範囲としているため，草原に空間的に異質な攪乱を与えている．マーモットによるこれらの攪乱によって巣穴の周辺には周囲の草原とは異なる植生が形成されている（図2.15）．とくにマーモットの密度が高い場合，植物の種構成や土壌栄養塩類（窒素，硝酸態窒素，カリウム）の空間的異質性がより高い値を示した（Yoshihara, 2010; 図2.16）．また，マーモット

面積あたりの葉重，根の長さに関する，種ごとの形質の平均値，における全種の形質の平均値の幅（形質に基づくニッチ幅）をマー平均値およびニッチ幅は 5 種の平均値を，プロットに出現する全ないサイト，それぞれ全 18 プロット）の平均値を示す（値は対数

葉面積あたりの葉重 (g/cm²)			根の長さ（cm）		
マーモット在	マーモット不在	P	マーモット在	マーモット不在	P
−1.68 (0.12)	−1.62 (0.19)	0.31	0.88 (0.09)	0.78 (0.11)	0.04
0.28 (0.06)	0.12 (0.02)	< 0.001	0.28 (0.01)	0.23 (0.06)	0.09
−1.57 (0.07)	−1.53 (0.03)	0.1	0.99 (0.08)	0.93 (0.07)	< 0.001

の土壌攪乱による植生への影響は地形によって異なり，たとえば山地では影響が小さく，平地では大きかった．また，地上部が乾燥した地形では相対的に湿潤な土壌に出現する植生が形成され，逆に小川周辺等を含む湿潤な地形では相対的に乾燥した土壌を好む植生が形成されていた．

Yoshihara ら（2010a）はマーモットの巣穴の密度が同じだがその分布が異なる 50 m×50 m の試験区（巣穴分散区と巣穴集中区）を設け，それぞれ格子状に 2 m×2 m のコドラート（方形枠）に区切り，すべてのコドラート内の植生

図 2.15 マーモットの巣穴周辺の植生．中央にある穴が巣穴で，白くみえるのが掘り出された砂利等である．

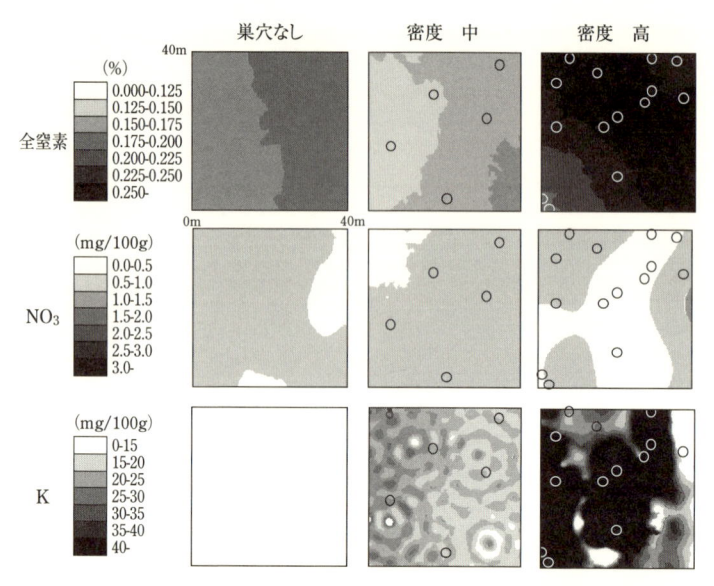

図 2.16 マーモットの密度が異なるサイトにおける土壌栄養塩類の空間分布．栄養塩類の濃度は実測値からクリギング法を用いて内挿したもの．図中の丸い円は巣穴の場所を示している．(Yoshihara, 2010 を改変)

調査と土壌栄養塩類の調査を行った．植物種構成は攪乱程度の違いを反映し，攪乱程度が大きいと考えられる巣穴の集中した場所で特異な植物種構成が形成されていた．また，巣穴の集中した場所付近で土壌栄養塩類濃度の高いパッチが確認された．その結果，植生の土壌栄養塩類の空間的異質性がより増加した．

Yoshiharaら (2010b) はさらに草食動物の行動パターンが植生や土壌栄養塩類の空間的異質性に影響を与えると考え，マーモットの行動範囲が巣穴周辺に制限された調査区と行動範囲が広い調査区で植生と土壌栄養塩濃度を比較した．その結果，行動範囲が巣穴周辺に制限された調査区の方が植生の空間的異質性が高かった．行動範囲が巣穴周辺に制限された調査区では，巣穴付近で攪乱強度が大きく，巣穴間（巣穴から離れた場所）では攪乱強度が小さくなったため，空間内にさまざまな段階の攪乱強度が共存することで，土壌栄養塩類や植生の空間的異質性が大きくなったのだろう．

家畜の放牧下においても，大型草食獣とげっ歯類では攪乱のタイプやサイ

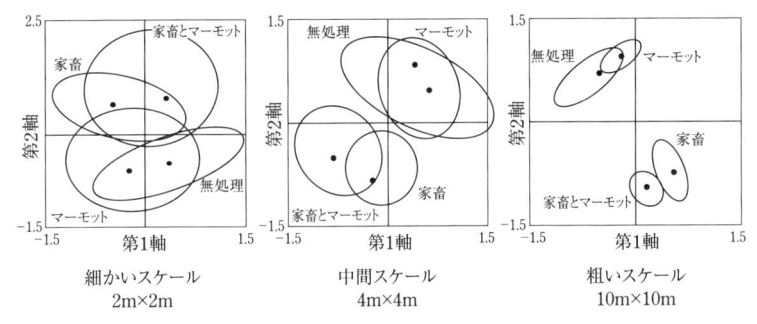

図 2.17 3つの空間スケールにおける各処理区のNMDS(非計量多次元尺度構成法)による序列図．処理区ごとに序列空間内の位置をすべて含むように楕円で囲んである．円内にある黒い点は各序列図内のスコアの平均を示している．
(Yoshihara et al., 2010c)

ズが異なることから，共存することでさまざまな空間スケールでの多様な植生構造が創出される．Yoshiharaら(2010c)はマーモット区，家畜放牧区，マーモットと家畜の混在区，両者ともいない対照区の4つでそれぞれ50 m×50 mの試験区を設け，それぞれ同様に格子状に2 m×2 mのコドラートに区切り，すべてのコドラート内の植生調査を行った．その結果，粗いスケール(10 m×10 m)ではマーモットによる影響は小さく，家畜の有無によって植生に大きな違いが生じていた．ところが，細かいスケール(2 m×2 m)ではマーモットによる影響が検出され，それぞれ4つの区では互いに異なる植生が形成されていた(図2.17)．

これまでみてきたようにマーモットによる局所スケールでの空間的に異質の攪乱は周囲と異なる植物種組成を成立させるため，マーモットの攪乱による局所スケールでの多様性の創出効果は地域スケールの多様性にも効果を及ぼす可能性が高いと考えられる．SasakiとYoshihara(2013)は，局所スケールにおけるマーモットの攪乱がさまざまな景観を含む地域内全体の多様性にどのような影響を与えるかについて，多様性の加法分割の方法を用いて検証した．多様性の加法分割とは，地域内全体の多様性を，異なる空間スケールで生じる多様性に分割する方法である．地域内全体の種数をγ多様性とし，γ多様性をマーモットのマウンド内の多様性(α多様性，一番小さい空間スケールの多様性)，マーモットのマウンド間の多様性，調査サイト間の多様性，景

表 2.2 マーモットの生息する草原における植物種の多様性の加法分割の結果．調査地域全体の種数 (γ) は，マーモットのマウンド内の種数 (α)，マウンド間の種数 (β_1)，サイト間の種数 (β_2)，景観単位間の種数 (β_3) の合計で表される．景観単位間の多様性 (β_3) が γ 多様性に最も貢献していることがわかる．(Sasaki and Yoshihara, 2013 を改変)

種数	空間スケール	値	%
α	マウンド内	10.68	20.94
β_1	マウンド間	3.27	6.41
β_2	サイト間	8.66	16.98
β_3	景観単位間	28.39	55.67
γ	調査地域全体	51	

観単位間の多様性（異なる 3 つの空間スケールの β 多様性，それぞれ β_1，β_2，β_3 多様性）に分解した．つまり，α 多様性と 3 つの空間スケールの β 多様性を足しあわせると γ 多様性となる．それぞれ異なる空間スケールの多様性が γ 多様性に占める割合を検証することで，どのスケールでの生態的プロセスの相対的重要性が高いかを判断することができる．局所スケールでのマーモットによる攪乱の相対的重要性が高ければ，γ 多様性に占める α 多様性の割合が高くなると予想できる．

しかし結果は予想に反し，γ 多様性に占める割合は景観単位間の多様性（β_3 多様性）が著しく高かった（表 2.2）．局所スケールでのマーモットによる多様性創出効果よりもむしろ，景観単位間の種組成の差異から生じる多様性がより地域全体の多様性に貢献していたのである．マーモットの攪乱は周囲と異なる植物種組成を成立させるが，どの景観単位でもマーモットの攪乱に依存して出現する植物種群にあまり違いがないことに起因していると考えられる．しかし，局所スケールではマーモットはその攪乱に依存した植物種群の多様性の維持に寄与しているため，この結果によって多様性を生み出す源としてのマーモットの攪乱の重要性が必ずしも否定されるわけではない．

植物への影響だけにとどまらず，マーモットの土壌攪乱によってマウンドが形成されるが，そのマウンド上は虫媒花の双子葉植物が多く，さらにその双子葉植物は微高地で周辺に植物が少ないため目立ち，より多くの訪花昆虫（ポリネータ）を誘引していた．近年，マーモットは乱獲等により大きく個体数が減少している．この動物が果たしてきた役割を認識し，保全へとつなげる必要があるだろう．放牧草地におけるげっ歯類のように空間的異質性を創

出する野生動物を保全することは，生物多様性維持の点から有効である．

(2) 草地管理

採草地では地上部の草の収穫のため，放牧地では家畜の食べ残した不食草を除去するために刈り取りが行われている．ヨーロッパや日本などの湿潤な草地では収量を最大化するために年に数回の刈り取りを行っている．刈り取りの時期は収量と栄養価を考慮して地域ごとに定められている．刈り取りは地上部の草を除去するという点では放牧と影響が似ているが，動物の排泄等による土壌への化学的な影響が存在しない点や，種に関係なく非選択的に除去する点で異なる．刈り取り頻度が適度な場合は，体サイズが大きく光競合で優位な種による優占を抑え，背の低い種を維持することで植物の種多様性を増加させるが，刈り取りの頻度が多い場合には多様性が失われる（図2.18）．放牧地と異なり，採草地では刈り取りによる養分の収奪が行われる一方で家畜の糞尿による養分の還元が期待できないため，施肥は草の生産性を維持する上で必要不可欠である．しかし，過度な施肥は植物の種多様性に負の影響

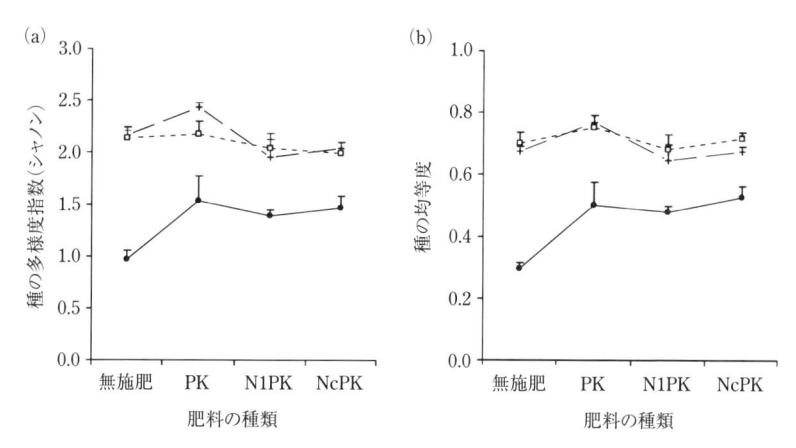

図 2.18 刈り取り頻度と肥料の種類による植物の (a) 多様度指数と (b) 種の均等度への影響．刈り取りと肥料，それらの交互作用による影響は有意であった．刈り取り頻度はそれぞれ 2 回刈り取り（＋），3 回刈り取り（□）と 4 回刈り取り（●）である．肥料の種類はリンとカリウム（PK）に，1 回目の刈り取り時のみ窒素を加えた処理（N1PK）と，毎回の刈り取り時に窒素を加えた処理（NcPK）である．図中のエラーバーは標準誤差を示している．（Čop et al., 2009）

を与える (Schellberg et al, 1999). これは，施肥反応の良い種がより大きく成長することで他の種を駆逐し，種の均等度が減少することで多様性も減少するものと考えられている (図2.18). ただし，刈り取り回数が多い場合や貧栄養の土壌では施肥を行うことで植物の生育が改善され，多様性が増加することもある.

　日本の放牧草地は年数が経つにつれて雨等による土壌の酸性化，雑草の侵入が進み，次第に生産性が低下する. 生産性を回復するために，既存の植生を耕起したり，地表面の攪乱を行って新たに牧草を播種する草地更新が行われている. 耕起は土壌を物理的に破壊し，播種は直接植物の種構成を大きく変更することなので，生物多様性に与えるインパクトがきわめて大きい. たとえば，耕起によりハタネズミの密度，生存率や繁殖率が低下していた (Jacob, 2003). 一般的に，草地更新が頻繁に行われる採草地では放牧地や自然草地に比べて植物の種多様性が低い. これはそもそも，①ある特定の牧草種がよく育つように雑草種を除去した上で限られた種類の牧草を播種していること，②耕起 (反転) は表層と地中の土壌をまぜあわせることで土壌理化学性 (窒素や粒形など) の空間的異質性を小さくする行為に他ならないからである.

(3) 野火と火入れ

　草原には雷など主に自然現象に由来する野火と，人工的に草原を燃やす火入れとがある. 41年間にわたるアメリカの草原での調査によると，野火の発生は7月と8月に集中し，1万 km^2 あたりに年6回の地域もあれば，年92回発生した地域もあった (Higgins, 1984). 草原を燃やした場合，地表面はかなり高温になるが，地中1cmで土壌温度は40℃以下とそれほど高くならない. 火によって元の植生が焼失されるが，リター (植物残渣) が除去されることにより植物の光環境が改善されること，燃えた後の灰はミネラルとなって土壌に還元されること，黒化した植物が地温の上昇を介して発芽を促進することにより，火入れ後には植生量の多い低地で生産性が向上する (Gibson, 2009). 火入れは土壌中の窒素を気化させてしまうため，窒素が火入れ後の生産性の制限要因となる.

　しかし，多年生植物，とくに木本は火入れによるダメージを受けやすいため，一般に種多様性が減少する. 火入れ後には相対的にイネ科草本類が増加

図 2.19　モンゴルで行った火入れ実験の様子.

し，双子葉類が減少するが，秋の火入れは双子葉類の成長を促すことで，多様性を増加させる．

　筆者らはモンゴルの荒廃草地の植生回復のため，火入れの有効性を検証した (図 2.19)．過放牧により植生量の乏しいアルガラントおよび不嗜好性草本が優占するフスタイにおいて，火入れ前後に，土壌特性，埋土種子，実生更新，栄養成長，植物種構成，植物バイオマスおよび飼料価値を測定した．土壌中の養分やミネラルは火入れにより変化しなかった (Yoshihara et al., 未発表)．埋土種子数は火入れにより減少したが，実生更新は植物種によって反応が異なり，植物被度は栄養成長により回復した．植物種構成は火入れ後に不嗜好性の草本 (ヨモギ) が減少し，嗜好性の高いイネ科草本が増加した．フスタイでは火入れ後の植物バイオマスと飼料価値が増加したが，アルガラントでは変化しなかった．また，植物体中のミネラルが増加した．このように，火入れは不嗜好性種優占草地では植生を改善したが，植生衰退草地では効果が認められなかった．本研究は，乾燥草原における火入れの植生回復ツールとしての有効性を示すとともに，火入れの際に草地の荒廃状態を考慮することの重要性を示している．

(4) 気候の変動性やイベント

　草原・草地では，それぞれの地域の放牧システムに起因する人為的な攪乱以外に，気候の変動性やイベントなどの自然に起こりうる攪乱も生態系に大きな影響を与えている．たとえば，乾燥・半乾燥地の草原では，降水量の年

図 2.20 モンゴル国マンダルゴビにおける空港の柵内（左側）と柵外（右側）の植生の差異．撮影時点で 24 年間の禁牧状態．

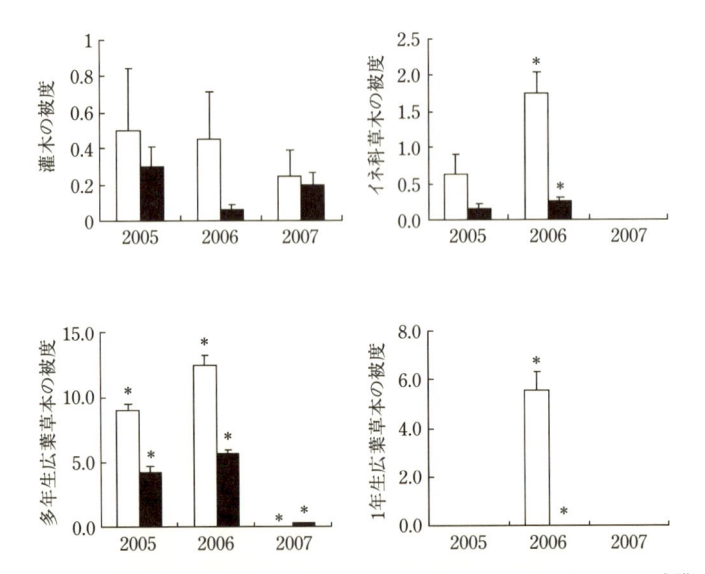

図 2.21 2005 年から 2007 年にかけてのモンゴル国マンダルゴビにおける空港の柵内外の植生の変化（□：柵内，■：柵外）．*は有意差を示す．(Sasaki et al., 2009 を改変)

変動が大きく，放牧と降水量の変動性が相互作用することが報告されている (Fernandez-Gimenez and Allen-Diaz, 1999; Sasaki et al., 2009). 放牧地生態系においては，禁牧もしくは放牧圧の減少によって植物の種組成や生産量はより望ましい（放牧利用の観点から）状態へ移行することが一般的に知られている．一

図 2.22 モンゴル草原における降水量の変動に伴う植生量の変動．写真はそれぞれ上から，2006，2007，2008 年の同時期に，モンゴル国ドンドゴビ県マンダルゴビの同じ場所で同じ方角を向いて撮ったもの．2007 年は，降水量が例年に比べて非常に少なく（干ばつ年），植生量が皆無に近くなっていることがわかる．

方で，必ずしもすべての放牧地生態系で植生がこのような変化のパターンをみせるとは限らず，気候変動性が大きい場合は種組成や生産性は放牧よりも気候要因によって左右されるかもしれないという予測も存在する (Ellis and Swift, 1988). Sasaki ら (2009) は，モンゴルのマンダルゴビという地域にある空港の敷地を利用し，降水量の変動性によって長期禁牧の効果が改変されるのかどうかを検証した．空港の敷地内は 2005 年時点で 24 年間の禁牧状態にあり，空港の柵内と柵外の植生の差異 (図 2.20) を 2005 年から 2007 年にかけて調査した．いずれの年も，2000 年から 2007 年までの年平均降水量の平均値 (130.1 mm) を大きく下回り，3 年間の年平均降水量 (2005 年が 70.9 mm, 2006 年が 93.5 mm, 2007 年が 64.3 mm) も大きく変動した．観測年を通して，多年生イネ科草本の被度は概して柵内で高い傾向となった (図 2.21)．しかし，2006 年に 1 年生広葉草本が数多く出現し，その被度は柵内で高くなった (図 2.21)．多年生イネ科草本が家畜の嗜好性が高いのに対して，1 年生広葉草本は家畜の嗜好性が低く，放牧強度が強くなると優占しやすい．このように，長期間禁牧の植生への効果は柵内外の多年生イネ科草本の被度の差異として認められたものの，2006 年時の柵内における 1 年生広葉草本の被度の増加は必ずしも禁牧による正の効果とはいえない．Sasaki ら (2009) の一連の結果は，乾燥・半乾燥の放牧地生態系における降水量変動性の高さによって長期間禁牧の植生の回復への効果が改変されることを示唆しているといえるだろう．

　また，干ばつや雪害などの偶発的な気候イベントも生態系に大きく影響を与える攪乱である．とくに，干ばつが起こると植物の生育が極端に抑制されるため，植生量が皆無に近くなる．図 2.22 は筆者がモンゴルのマンダルゴビにおいて，2006 年から 2008 年にかけて同地点で同時期に撮影した草原の写真である．2007 年は例年に比べてきわめて雨が少なかったため，植被がほとんど認められないことがわかる．また，少雨の影響はその年のみにとどまらず，その次の年にも少なからず影響を及ぼしていることが考えられる．2008 年と 2006 年の年降水量にあまり差はなかったが，2006 年に比べて 2008 年の植被が少ないのは 2007 年の少雨の影響を引きずっているのではないかと推測される．以上のように，干ばつなどの突発的な攪乱は不確実性が高く，その影響を予測することが難しいが，生物多様性を適切に管理することで，生態系への攪乱の影響を緩和することが可能である (6 章を参照)．

第3章　草原・草地の生物多様性

　生物多様性とは，あらゆる時空間スケールにおける，遺伝子，個体，個体群，群集，生態系，景観の多様性，そして群集や生態系の構造，ネットワークの構造，空間構造，生物のもつ進化的な要素といった，地球上のさまざまな生物学的な要素の多様性を表すものである．本章では，まず生物多様性とは何かを説明し，放牧が生物多様性に与える影響について解説する．

3.1　生物多様性とは

　「生物多様性 (biodiversity)」は，人間活動の影響による種の絶滅の加速を受けて，科学的かつ政策的な側面で広く使われるようになった用語である (Wilson, 1988; UNEP, 1992)．生物多様性は，単に文字通りの生物の多様性を表しているだけではない．生物多様性条約 (Convention on Biological Diversity: CBD) では，同じ種や同じ集団における遺伝子の変異 (遺伝子の多様性)，群集内に含まれている種の多様さ (種の多様性)，さまざまな生物–環境間相互作用から構成される生態系の多様さ (生態系の多様性) という，主に3つのレベルから生物多様性を捉えている．研究者の間でもさまざまな定義で用いられているが，広義での生物多様性は，あらゆる時空間スケールにおける，遺伝子，個体，個体群，群集，生態系，景観の多様性，そして群集や生態系の構造 (種組成，種の優占度の階層性)，ネットワークの構造 (食物網，種間相互作用など)，空間構造 (景観の組成や複雑性など)，生物のもつ進化的な要素 (表現型可塑性，進化可能性など) といった，地球上のさまざまな生物学的な要素を包括的に表すものとされている (Diaz et al., 2006)．

　生態系におけるさまざまな攪乱は，生物多様性に大きな影響を与える．攪

乱が生物多様性に与える影響の解明は，生物多様性を保全する上で重要な知見となる．草原・草地においては，家畜の放牧が生物多様性を大きく左右する主要な攪乱である．そのため，古くから草原生態学においては，放牧が生物多様性に与える影響の解明が重要な課題の 1 つとされてきた．本章では，放牧が生物多様性に与える影響について，研究事例を交えながら解説する．

3.2 放牧圧と生物多様性の関係を説明する仮説

　一般的に，放牧圧と生物多様性の関係性は，図 3.1 に表すように，単調増加，単調減少，単峰形，関係性なし，の大きく 4 つに分けることができる．ここでは単純化のために，生物多様性の変数として生物種の数を想定する．

　まず，単調増加するパターンは，ある場所の群集において放牧に対する感受性の高い種の多くが存在していない一方で，放牧に耐性のある種が多く存在している場合などにみられる（図 3.1a）．単調減少するパターンは，放牧に対する感受性の高い種が放牧に伴って徐々に失われ，強い放牧圧下では攪乱耐性をもつ少数の種しか残らない場合などにみられる（図 3.1b）．単峰形のパターンは，いわゆる中規模攪乱仮説（Connell, 1978; Sousa, 1979）の予測に沿うパターンである．放牧圧が弱いと，限られた競争優位種（概して放牧の影響を受けやすい）が優占する．放牧圧が強いと，限られた攪乱耐性種（概して他種との競争能力には劣る）が優占する．この競争能力と攪乱耐性のトレードオフの存在によって，中程度の放牧圧下では，競争優位種と攪乱耐性種が共存することで種の多様性が最大となるという予測である（図 3.1c）．生物多様性を左右する要因としての放牧の相対的重要性が低い場合や，放牧の影響を受ける前の群集の攪乱に対する耐性が強い場合などは，放牧と生物多様性の

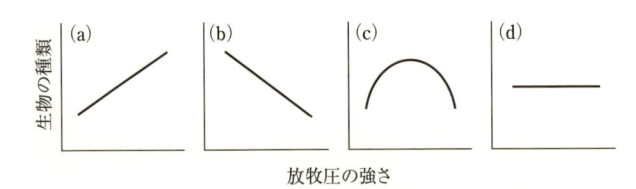

図 3.1　放牧圧と生物多様性の関係についての予測．(a) 単調増加，(b) 単調減少，(c) 単峰形，(d) 関係性なし，の大きく分けて 4 つの関係性が考えられる．

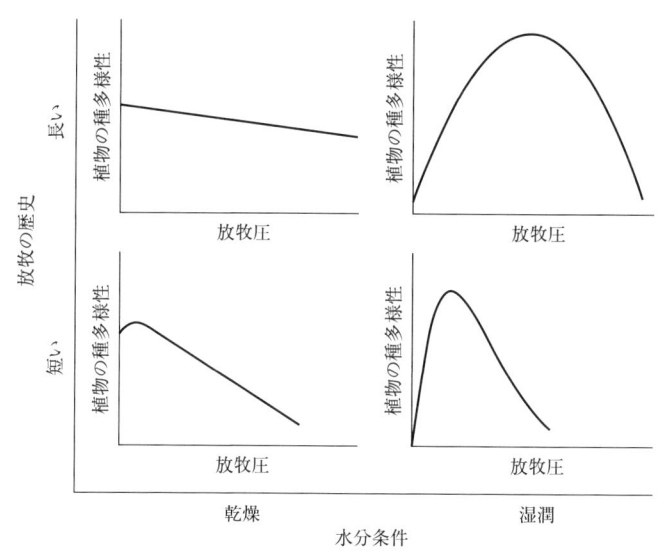

図 3.2 放牧の歴史と水分条件の異なる草原において放牧圧と植物の種多様性の関係を示した概念モデル．（Milchunas et al., 1988 を改変）

関係性がみられなくなることが考えられる（図 3.1d）．

　Milchunas ら（1988）はこの放牧と植物の種多様性の関係を，放牧の歴史と水分条件によって 4 つのパターンに分類した（図 3.2）．放牧地の植物は長い時間をかけて形態等を変化させることにより，放牧に対する耐性を獲得してきた．そのため，放牧の歴史が短い地域の植物は，放牧に対する耐性が備わっておらず，強放牧下では多様性が減少すると予測した．また，乾燥草原のようにある資源（土壌水分量，肥沃度，塩類濃度など）に過不足が生じ，植物にとってストレスが強い環境下では，植物の種間関係に競争排除よりも促進効果（facilitation）の方が相対的に強く働く．あるいは乾燥地ではそもそも植物密度が小さいので競争排除が起こりにくい．そのため，放牧圧が弱くても競争劣位種が排除されず，種多様性が維持されやすい．その結果，放牧圧の増加に伴い植物の種多様性が単調に減少する．

　種の多様性と放牧などの攪乱の関係の一連の実証研究は，中規模攪乱仮説で予測される単峰形のパターンが必ずしも一貫して表れないことを示唆している．Sasaki ら（2009）は，モンゴルの放牧地生態系における中規模攪乱仮説を検証し，種の多様性と攪乱の関係は景観単位ごとの環境条件に依存するこ

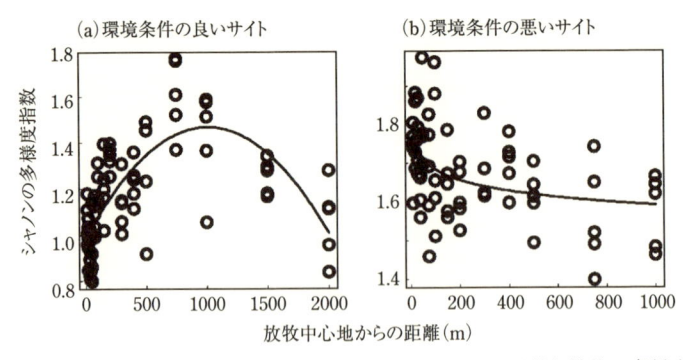

図 3.3 モンゴル国の乾燥草原における放牧中心地からの距離と植物の多様度指数．放牧中心地からの距離が近いほど放牧圧が高い．（Sasaki et al., 2009 を改変）

とを明らかにした．景観単位（台地，丘陵，低地など）ごとに設置された調査サイトの環境条件は，相対的に環境条件が緩やかなサイト群と環境条件が厳しいサイト群に分類された．相対的に環境条件が緩やかなサイト群では，種の多様性と攪乱の関係は中規模攪乱仮説の予測に一致し，中程度の放牧強度のレベルで多様性が最大となった（図 3.3a）．一方，環境条件が厳しいサイト群のほとんどで，中規模攪乱仮説に従うパターンは認められなかった（図 3.3b）．以上の結果から，種の多様性と攪乱の関係は景観単位ごとの環境条件に依存すると考えられた．

これらの研究からわかるように，攪乱による生物多様性への影響を検証する際には，攪乱と多様性の関係性を改変する環境条件や生物間相互作用などの要因に注意する必要があるだろう．

3.3 放牧による生物への影響

(1) 放牧と植物の機能的・遺伝的多様性

放牧による生物への影響を調べた研究で最も多いものが，植物への影響に関するものである．放牧による影響は植物の種ごとよりも植物の機能群（形質によって分類された種群）ごとにその特徴が表れやすい．Diaz ら (2007) は放牧による植生への影響を調べた 197 の実証例を用いてメタ解析を行った．

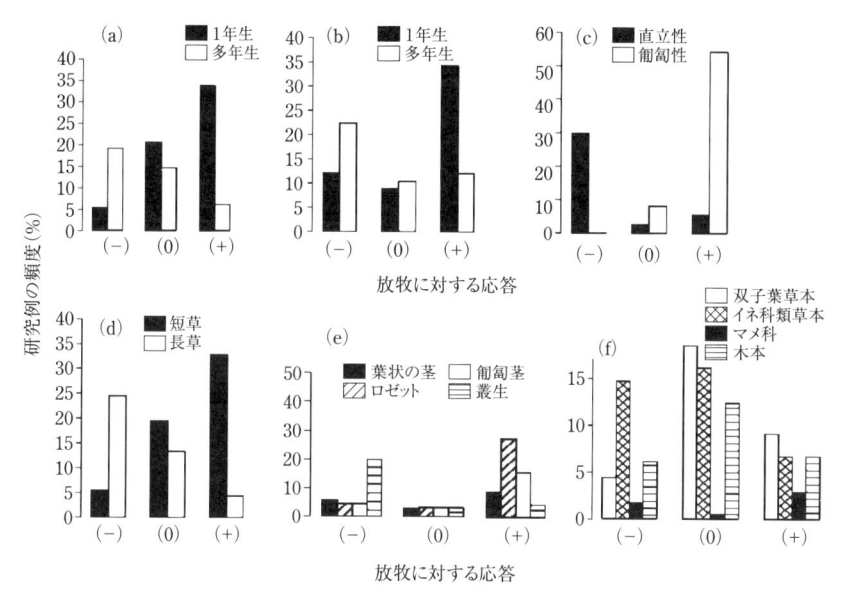

図3.4 放牧に対する機能群の反応を研究例の相対頻度で表したもの．－は放牧によって植物量（(b)のみ植物の種数）が減少，0は変化なし，＋は放牧によって植物量が増加した研究である．(a)と(b)は生活史，(c)は伸長様式，(d)は草高，(e)は構造，(f)は成長型によって分類した機能群．(Diaz et al., 2007 を改変)

その結果，放牧には多年生よりも1年生，直立よりも匍匐，長草よりも短草，叢生よりも匍匐茎やロゼット，高嗜好性よりも低嗜好性の植物が正の反応を示し，植物の生育型や在来種・外来種での違いは検出されなかった（図3.4）．また，その影響は水分条件や放牧の歴史によって変化することが示された．これらの結果はこれまでに提唱された放牧に関する複数のモデルの結果とも一致していた（Grime, 1977; Milchunas et al., 1988; Briske, 1996）．

De Belloら（2006）は，スペイン北東部の草地において，放牧による種多様性と機能的多様性（群集に含まれる種の機能や形質の違いを定量化した指標：コラム3.1）の変化を調べた．放牧に対する種の多様性の変化が顕著に表れたのは相対的に湿潤な地域に位置するサイトで，放牧によって種の多様性は増加した．生産性の高い，より湿潤なサイトでは，放牧による攪乱がないと競争排除が卓越するためであると考えられる．一方，同サイトでは機能的多様性は放牧によって減少した．これは，放牧強度が増すと放牧耐性をもつような種

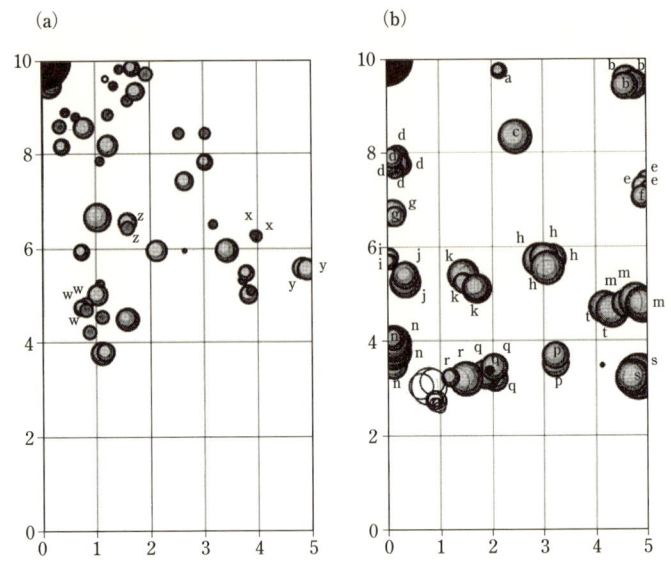

図 3.5 採草地 (a) と放牧地 (b) に設置した調査プロット (5×10 m) 内のバイケイソウの分布とサイズ．円のサイズはシュートの乾燥重量を表している．同一の記号で表されているものは同じ遺伝子型をもち，それ以外は固有の遺伝子型である．遺伝子解析には RAPD (random amplification of polymorphic DNA) 法を用いた．(Kleijn and Steinger, 2002 を改変)

が多くなり，種間の形質の違いが小さくなるためであると推察されている．

　放牧による遺伝的多様性への顕著な影響はほとんど報告されていない (Fu et al., 2005; Smith et al., 2009)．しかし，Kleijn と Steinger (2002) の研究では，採草地に比べて放牧地のバイケイソウは遺伝的に同一の個体がパッチを形成しており，シュートサイズとクローンサイズが大きく，遺伝的多様性は小さかった (図 3.5)．これらの結果から導かれることとして，採草地のバイケイソウは主に種子繁殖，放牧地のバイケイソウは主にクローン繁殖によって分布を拡大したと考えられる．

　これまでの放牧による生物多様性への影響に関する研究は種レベルの多様性評価に基づくものが多い．今後は放牧による機能的多様性や遺伝的多様性への影響を調べた研究も必要であろう．

コラム 3.1　機能的多様性

　機能的多様性は，群集における種の機能形質の多次元性を定量化したものであり，生態系機能を規定する重要な要因の1つと考えられている（Petchey and Gaston, 2006; Cadotte et al., 2011）．機能形質とは，種がもつ機能的な役割に関連する形質のことで，たとえば植物種の葉の窒素濃度等は光合成速度と関連し（Wright et al., 2004），生活史や葉の高さ等は放牧などの撹乱や環境変化に対する種の応答と関連する（Diaz et al., 2001）．近年，機能的多様性の概念は，種の局所絶滅による生態系機能への影響の検証や生物多様性の指標の1つとしての生態系機能との関係性の解明などを目的に，さまざまな生態系や分類群を対象に用いられている（Petchey and Gaston, 2002; Matsuzaki et al., 2013; Sasaki et al., 2014）．

　主に種数や種の多様性（均等度や多様度指数）など，従来の生物多様性の定量化手法においては，種は互いに完全に異なるという前提がおかれていた（図3.6）．機能的多様性の定量化手法においては，種の違いを機能形質の

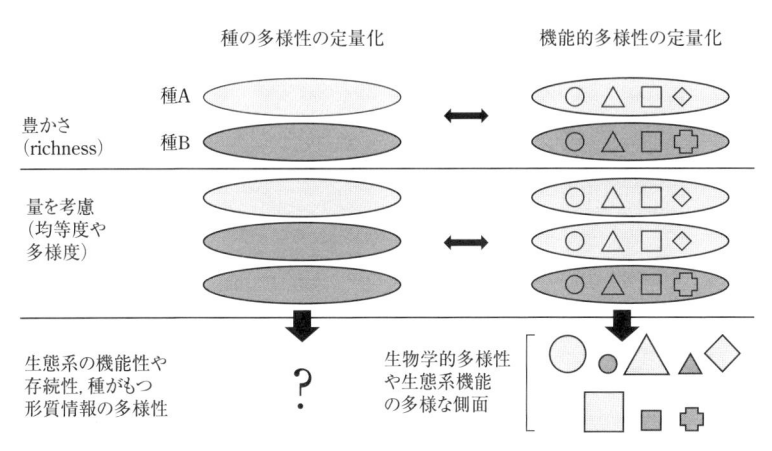

図3.6　種の多様性の定量化と機能的多様性の定量化の違い．種の多様性は種は互いに完全に異なるという前提で定量化される．一方，機能的多様性は種の違いを形質の違いに基づいて定量化する（図における記号の違いは形質の違いを表す）．種の多様性の定量化と同様，機能的多様性の定量化においても量を考慮することができる．これにより種がもつ形質情報の多様性や，特定の機能と関連する形質の多様性を定量化することにより生態系機能の多様な側面を指標化することができる．（Reiss et al., 2009 を改変）

違いに基づいて表現する (図3.6)．種の多様性の定量化と同様，機能的多様性にも種に関する量の情報を組み込んで定量化することができる．特定の機能と関連する機能形質の組み合わせについて機能的多様性を定量化することにより，その特定の機能への指標として位置づけることが可能になる．

　機能的多様性を用いることによって，生物学的多様性の捉え方を大きく拡張することができる (図3.7)．種をベースにした多様性の定量化は，自然的価値 (種が多様であることそれ自体の価値)，および指標性 (環境変化が生じたときの生物多様性の変化) の側面をもちあわせている．機能的多様性の定量化によって，自然的価値は種が生物学的かつ機能的に多様であることの価値として新たに評価できる (図3.7a)．また，環境変化に対する機能的多様性の変化を検証することによって，環境変化による生態系の機能の変化の予測に応用することができる (図3.7b)．機能的多様性と生態系機能の関係性を検証することで，生態系機能に関する機能的多様性の指標性

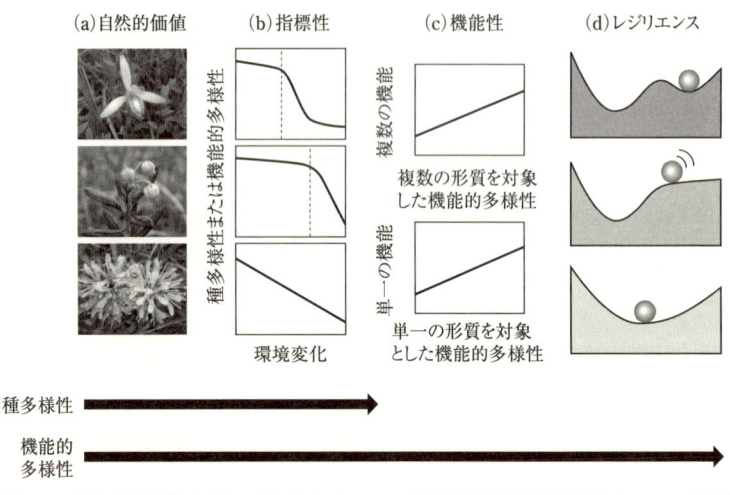

図3.7 機能的多様性を用いることによって，生物学的多様性を新たに4つの側面から捉えることができる．(a) 自然的価値：種が生物学的かつ機能的に多様であることの価値．写真は青森県八甲田山系の高層湿原における植物．上から，トキソウ，ヒメシャクナゲ，ショウジョウバカマ (写真提供：神山千穂氏)．(b) 指標性：環境変化による生物多様性および生態系機能の変化を間接的に検証できる．(c) 機能性：機能的多様性は生態系の機能性と関連する．(d) 機能的多様性は，生態系のレジリエンスと関連する．ここで，(a)～(d) のパネル群はそれぞれ独立しており，互いに関連しているわけではない．

を裏付けられるとともに，生態系機能に対する生物多様性の効果の背景にあるメカニズムの理解を進めることができる（図3.7c）．さらに，機能的多様性は生態系のレジリエンス（生態系が機能を損なわずに攪乱を吸収できる能力）とも関連する（図3.7d）．概して，機能的多様性の高い群集ほど，攪乱によって生態系の機能性が損なわれにくくなる．一方，機能的多様性が低い群集は攪乱によって生態系の機能性が損なわれやすく，攪乱に対して脆弱となる．ただし，機能的多様性が低い場合でも，攪乱に対する耐性をもつ種が多いために攪乱によって種があまり失われなかったり，攪乱に対する種の応答が多様であったりすると（とくに，攪乱によって消失する種もあれば移入する種もある場合で，新たに移入する種が機能を補償するような場合），生態系のレジリエンスは高くなる（Mori et al., 2013）．

　機能的多様性は，対象とする生物群集に関する種組成と種の機能形質の情報があれば定量化できる．1つ1つの種についての機能を実測することは容易ではないが，種の機能形質は比較的容易に計測することができるため，生物多様性の新たな定量化手法の1つとして今後さらに利用されていくものと考えられる．草原の研究では，経年的に取得された長期のモニタリングデータや，生物多様性と生態系機能に関する初期の研究のデータセットなど，数々の貴重なデータセットを用いた機能的多様性の研究の展開も重要となるだろう．

(2) 放牧と訪花昆虫の種多様性

　高等植物は葉を広げて光合成を行い，長い間同化産物を蓄えて最後に次世代に子孫を残すべく生殖器官（花や種子）へ投資する．花の開花までにはそれだけ多大な資源と長い時間を必要とする．そのため，開花前に採食を受けると，その貯蔵されていた同化産物を取り去られてしまうことにより，その後すぐには花をつけることができなくなる．訪花昆虫は花の蜜や花粉を餌として利用するため，花の量は訪花昆虫の量を決定する重要なパラメータとなる．したがって，放牧は虫媒花植物への影響を介して，訪花昆虫へ間接的に影響を与える．

　モンゴルの草原では，虫媒花植物の花序数は軽牧地で圧倒的に多く，種数は放牧圧の高い場所ほど少なかった（Yoshihara et al., 2008）．個体数の効果を除

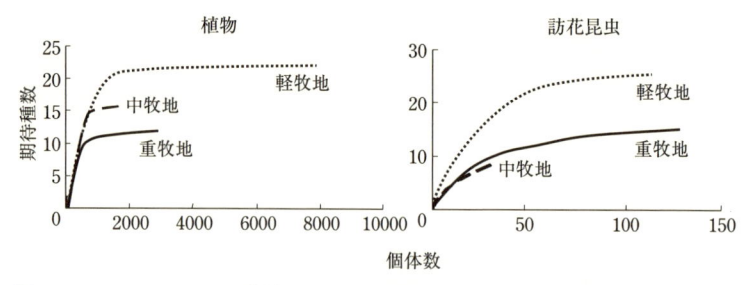

図 3.8 レアファクション曲線によって予測された放牧圧の異なる各牧区の虫媒花植物の期待種数（左）と訪花昆虫の期待種数（右）．各曲線の右端の位置が実際に出現した個体数と種数であり，各曲線の傾きはランダマイゼーションにより求めた．（Yoshihara et al., 2008 を改変）

いて種数を比較するためにレアファクション分析（Rarefaction Analysis）を行った結果，各牧区で虫媒花植物の個体数の増加に伴う種数の増加曲線に差はみられなかった（図 3.8 左）．すなわち，この種数の違いは個体数の違いに起因すると考えられる．一方，訪花昆虫の個体数は軽牧地と重牧地で多く，中牧地で少なかった（図 3.8 右）．種数は軽牧地で高く，中牧地と重牧地で低かった．その結果，軽牧地では個体数を考慮した上でも種数が多いことが示された．軽牧地では，家畜の採食圧が小さいため，草丈を高く伸ばしてから花を咲かせる秋開花植物も豊富で，多様な双子葉類が開花することができたのだろう．

さらに，放牧が植物とポリネータの相互関係に与える影響を調べると，軽牧地では有効な送粉はそれほど大きくなかったが，その種の組み合わせ総数は最も多かった（図 3.9 左）．中牧地では有効な送粉もその組み合わせ数も著しく小さかった（図 3.9 中）．重牧地で有効な送粉が最も大きかったが，少数の植物種に集中して送粉が行われていた（図 3.9 右）．シミュレーションの結果により，重牧地の送受粉ネットワークは種の絶滅に対して最も脆弱であると予測された．

放牧圧に伴って訪花昆虫の種多様性も変化するが，一般的に虫媒花植物の変化に比べるとその変化は小さい．これは訪花昆虫に移動能力があることや，植物種を選ばずに花を資源として広く利用することのできるジェネラリスト型のポリネータが存在するためであると考えられる．

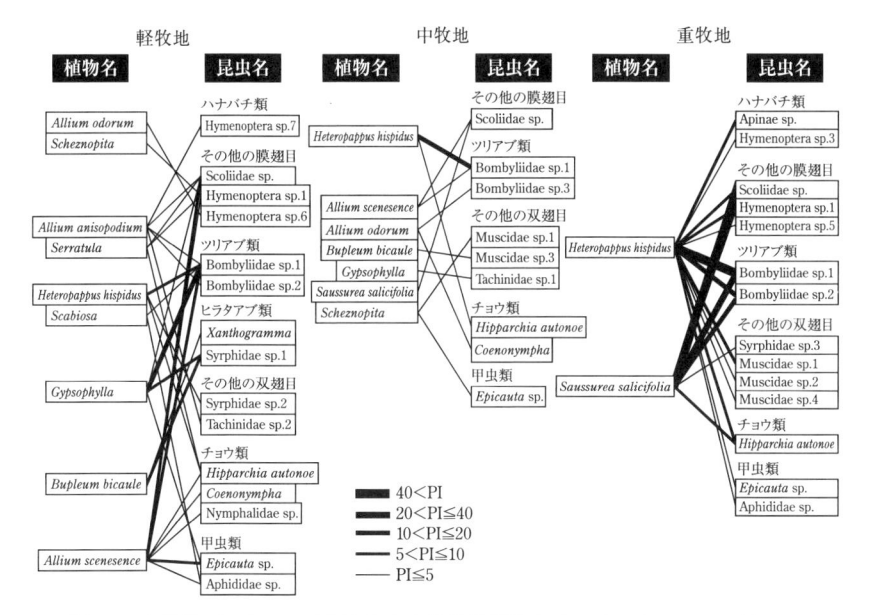

図 3.9 各放牧圧において確認された有効送粉指数 (PI) のネットワーク．線でつながっている植物種 (左) とポリネータ種 (右) は有効な送粉が確認された組み合わせで，線が太いほど PI 値が大きい．四角い枠は生物の学名を表し，その枠の上にある文字は昆虫の機能群を表している．(Yoshihara et al., 2008 を改変)

(3) 放牧とその他の生物への影響

多くの研究で，放牧は小型哺乳類の密度と種多様性に負の影響があると考えられている．放牧により草食の小型哺乳類の餌資源が減少したこと，植物の減少により捕食者である猛禽類に狙われやすくなったこと，家畜の踏圧により土壌が固くなり，掘って巣穴を造るのが困難になったためであると考えられている (Reynolds and Trost, 1980; Komonen et al., 2003; Torre et al., 2007)．

バッタ類 (キリギリス・バッタ・イナゴなど) も草食動物であるため，家畜の採食による植生構造の変化 (草丈・被度) を介して間接的に影響を受ける．しかし，放牧によるバッタ類の密度や種多様性への影響は正負の両方の結果があり，またその理由も不明瞭である．放牧による影響は季節やバッタ類の種類によって大きく異なった (Holmes et al., 1979; Jepson-Innes and Bock 1989; O'Neill et al., 2003)．たとえば，アリゾナでは無放牧区に比べて放牧区で夏のバッタ

類の密度は約3分の1だったのが，秋では逆に放牧区で約3.8倍多かった（Jepson-Innes and Bock, 1989）．

　糞虫類とはコガネムシ科およびその近縁な科に属する昆虫のうち，主に哺乳類の糞を餌とする1群の昆虫を指す．野外実験によると，糞虫は排泄された糞に速やかに集まり，卵を産みつけて数日以内に糞からいなくなる．家畜等の糞を利用するため，放牧地に近い場所や放牧密度が高い場所で糞虫の量は多くなる（Hutton and Giller, 2003; Verdú et al., 2007）．局所スケールの研究では，ヒツジの糞の量は糞虫の量へは影響がなく，種数へはプラスに作用していた（Lobo et al., 2006）．

　フランスの半自然草地においてヒツジの放牧圧が強い牧区と弱い牧区で土壌微生物相を調べた研究によると（Patra et al., 2005），菌類や細菌の相対量は牧

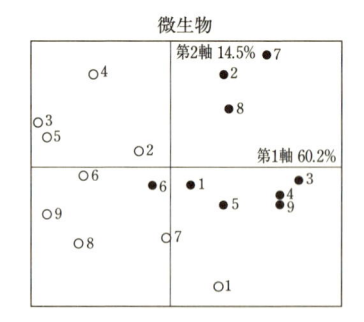

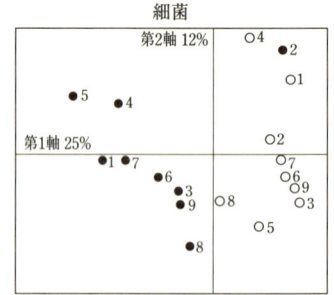

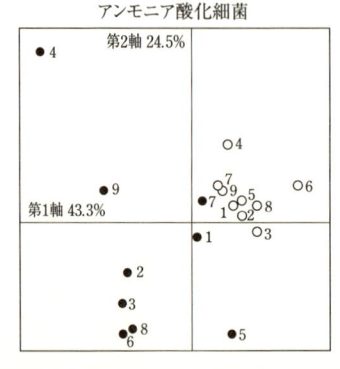

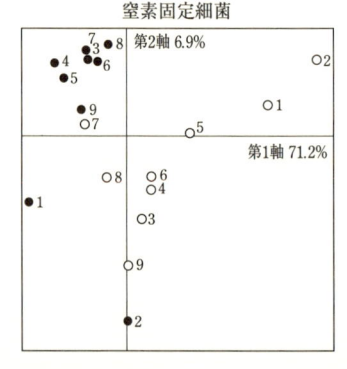

図3.10 主成分分析により得られた土壌中の微生物，細菌，アンモニア酸化細菌，窒素固定細菌それぞれの群集構造．白丸が弱放牧下の，黒丸が強放牧下の群集構造．丸の横にある番号は調査地の番号を示している．（Ingram et al., 2008を改変）

区間で変わらなかったが，従属栄養生物，硝化細菌，脱窒細菌，放線菌はいずれも強放牧下で多かった．しかし，プレーリーで放牧圧を3段階（禁牧，弱放牧，強放牧）で比較した研究では，微生物の各グループの相対量と多様度指数はそれぞれ放牧圧による影響は認められなかった（Ingram et al., 2008）．一方，微生物や細菌全体と特定の機能群（アンモニア酸化細菌，窒素固定細菌）は放牧圧によって異なる群集構造を形成していたが，放線菌や菌類の群集構造は同様であった（Patra et al., 2005; Clegg, 2006; Ingram et al., 2008；図3.10）．また，アンモニア酸化細菌は強放牧下の各調査地が序列図内のより広い範囲に分布しているため，放牧により群集が多様化したと考えられる．これらの群集構造は植生，土壌中の窒素や炭素量，家畜による糞尿等を反映していると考えられている．

第4章　草原・草地の生態系機能

　草原・草地は，1次生産，土壌保全，物質循環といった生態系機能によって，家畜の飼料資源，飛砂の防止，気候制御など，人間社会が享受する生態系サービスを提供している．本章では，草原・草地における重要な生態系機能について述べ，放牧が生態系機能に与える影響について解説する．

4.1　生態系機能とは

　生態系機能とは，生態系内の相互作用による生物体の再生産，物質の生産・循環・分解を基本とするプロセスのことを指す．生態系のさまざまな機能の多くは，人間社会が資源として直接的または間接的に利用している．そのような生態系機能のことを，生態系サービスとよんでいる (Millennium Ecosystem Assessment, 2005；1.3節)．草原・草地においては，家畜の放牧を中心とした土地利用が優占するため，家畜の飼料資源となる草原・草地に生育する植物の1次生産が最も重要な生態系機能，生態系サービスである (Gibson, 2009)．1次生産は，植物が光，水，そして栄養塩を利用して光合成を行うことで成り立っている．飼料資源の価値は，植物の1次生産に支えられる量的な側面だけでなく，家畜の嗜好性が高く，栄養価の高い草を多く含むかといった質的な側面にも左右される (Sasaki et al., 2012)．つまり，飼料資源を評価する際には，植物生産量，植物群集組成，そして植物の栄養価といった多面的な評価が必要ということである．

　家畜による土地利用が主体となる草原・草地では植物の1次生産に代表される生態系機能が重視されがちではあるが，その他の生態系機能およびこれらを通した生態系サービスの重要性も無視することはできない．たとえば，

乾燥・半乾燥地域の草原は，植物による地表面の被覆（植被）が疎らであるために風食の影響を受けやすい．放牧による植生の荒廃により風食の強さが増すと，さらに荒廃が加速するといった正のフィードバックが生じる（Davenport et al., 1998）．この正のフィードバックの卓越によって，土壌深度が減少するため，植物の生育に全く適さない土壌に変化していき，最終的には裸地化に至る．また，風食による土壌侵食は，黄砂など，国境・地域を越えた深刻な環境問題に発展しうる．しかし，風食の影響はある一定の植被があれば抑制することが可能である．ゆえに，そのような植被に支えられる土壌保全機能も，草原・草地における重要な生態系機能の1つといえる．

以下では，草原・草地における重要な生態系機能について解説する．

(1) 1次生産機能

1次生産量は植物が光合成により太陽エネルギーを固定した量である．1次生産量には茎や葉等からなる地上部の生産量（above ground net primary productivity: ANPP）と根や地下茎等からなる地下部の生産量（below ground net primary productivity: BNPP）がある．世界の草原における地上部の現存バイオマスの平均は1571 g/m^2 であるが，地域間に大きな差が存在し，乾燥地では500 g/m^2 以下であるが，冷温帯の草原では5000 g/m^2 を超える（Gibson, 2009）．

作物生産や放牧の観点から重要視されているのはANPPであるが，草原では光合成によって生産されたANPPの中で，22〜80%は地下部に転流され，地下部に地上部の6倍以上のエネルギーが蓄積されている．地下部の平均1次生産量は833 g/m^2 で，根／シュート比は1.6で地下部の方が多い．地下部の中でもそのほとんどのバイオマスは地表面に集中している．

世界の草原における生産性の年変動パターンは，単峰型と二山型に分けられる．北アメリカや南アフリカ等の暖地型の草原では夏の時期に生産量が集中する単峰型を示し，寒地型の草原では春と秋に生産量が大きく，高温で土壌水分の低い夏に生産量が低下する二山型を示す．

大陸レベルの広いスケールでみると，生産性は年降水量と強い正の相関があるが（図4.1），気温とは必ずしも相関しない．たとえば，乾燥地の生産性と降水量は低いが，気温は高い．降水量は生産性に大きな影響を与えるが，その降水のタイミングも重要である．Fayら（2003）はアメリカのプレーリーで

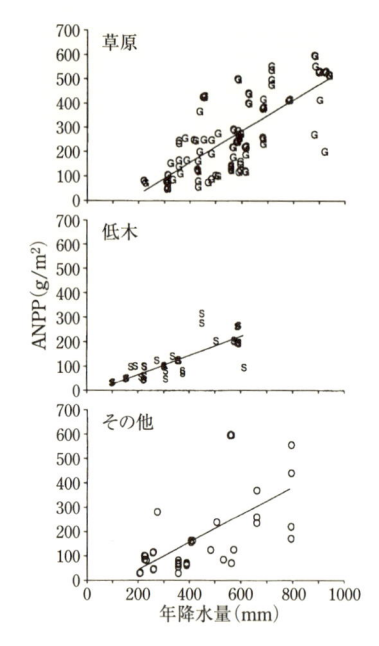

図 4.1 世界の草原における長期の年降水量と生産量の関係. 1 つの記号は 1 つの調査地を示している. (Milchunas and Lauenroth, 1993 を改変)

　人工的に降水量とそのタイミングを操作し，生産性を調査した．1 回の降水量を 2 倍にし，その頻度を半分にした場合 (すなわち合計の降水量は同じ)，ANPP が約 10% 低下しており，これは降水量が 30% 減少した場合と同等の影響を与えていることになる (図 4.2)．降水の頻度が低下した場合，土壌水分の変動が大きくなることが原因であると考えられている．

　ところが，地域レベルのスケールでは，年間降水量だけでは説明がつかず，生育期の降水量，春の土壌温度，窒素濃度，日射量，地形等の自然要因が生産性に影響を与える．プレーリーでは春の降水量がその年のピークのバイオマスを 54% 以上説明していた．谷部や低地では尾根部や台地に比べて土壌水分や窒素が高いため，生産性が高くなる傾向がある．また，アメリカの草原では，前年度の生産量が翌年度の生産性に影響を与えていた (Oesterheld et al., 2001)．

(2) 飼料価値

　飼料価値とは飼料の栄養価，嗜好性，採食性，外観，取り扱いの難易，貯

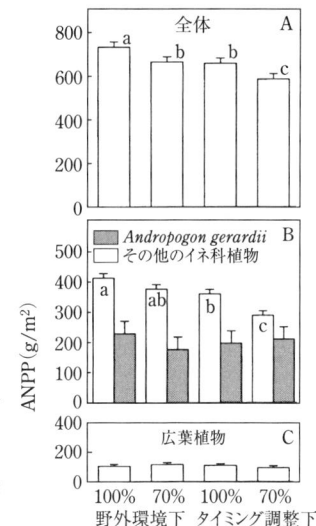

図 4.2 降水の量（100%と70%）とタイミング（野外環境下とタイミング調整下）の異なる実験区における1998年から2000年の平均年生産量（±標準誤差）．Aは植物全体の生産量，Bはイネ科植物の生産量，Cは広葉植物の生産量（Fay et al., 2003を改変）

蔵・保存性等，飼料の総合的な品質・特性である．栄養価は動物に栄養を供給する飼料の相対的能力を指し，タンパク質，炭水化物，脂質，ミネラルおよびビタミンの5大栄養素を含んだものである．嗜好性は飼料に対する動物の好みの程度である．草の栄養価は植物種によって大きく異なるだけでなく，生育ステージ，日射量や土壌中の養分量などさまざまな要因に影響を受ける．一般的に，マメ科はタンパク質を豊富に含むため栄養価が高い．冷温帯のイネ科草本に比べて，熱帯のイネ科草本は難消化性の繊維が多く，栄養価が低い．また，出穂に伴って糖分やタンパク質の割合が減少し，リグニンやセルロースの割合が増加するため，栄養価は下がっていく傾向がみられる．栄養価と同じく嗜好性も植物種間の差が大きい．一般に，イネ科草本は広葉草本よりも家畜等の大型草食動物に対する嗜好性が高い．

草の栄養価の簡便な指標として用いられているのが，CP (crude protein: 粗タンパク質) である．タンパク質中に約16%の窒素分が含まれていることから，窒素分にその逆数をかけることで求めている．

$$CP(\%) = N \times 6.25$$

タンパク質だけでなく総合的なエネルギーの指標で，日本でよく用いられ

ているのが TDN (total digestible nutrients: 可消化養分総量) である．脂肪に重みづけされているのは，消化時のエネルギー発生量が多いためである．

$$\text{TDN}(\%) = 可消化粗タンパク質 + 可消化炭水化物（可溶無窒素物＋粗繊維）+ 2.25 \times 可消化粗脂肪$$

その他によく用いられるエネルギーの指標が，DE (digestible energy: 可消化エネルギー) と ME (metabolizable enery: 代謝エネルギー) である．DE は全体のエネルギーから不消化の糞を除いたもので，ME はさらに尿やメタンガスを除いたものである．

$$\text{DE}(\text{Mcal}/\text{kg DM}) = 4.41 \times \text{TDN}(\%)/100$$

$$\text{ME}(\text{Mcal}/\text{kg DM}) = -0.330 + 0.958 \times \text{DE}$$

(3) 土壌保全機能

　草原における土壌保全機能とは，風食や水食による土壌栄養塩の消失，飛砂などを抑制する機能である．土壌栄養塩の消失は低地での塩類集積などの化学的な土地劣化につながり，また飛砂および土壌の物理的侵食は土壌深度の減少や大気中への風送ダストの増加につながる．いずれも，一定程度の植生の被覆があることによって，風食や水食による侵食の影響を緩和することができる．家畜の喫食による植生への直接的ダメージの増加によって植生被度が大きく低下したり，家畜の踏圧によって表層土壌の風食や水食に対する受食性が大きく増加したりすると，風食や水食のプロセスが加速し，土壌保全機能は失われる．草原の土壌保全機能を評価し，その機能を維持するためには，放牧によって風食や水食などの地表面プロセスがどう改変されるかを理解する必要がある．

(4) 物質循環機能

　物質生産の基盤を担う植物によって生成された有機物質は，植食者やそれらを食べる捕食者により消費され，消費されずに残った物質は土壌生態系に供給される．土壌に供給された有機物は，土壌動物や土壌微生物によって無機物に分解され，再び植物の栄養分として吸収される．このように，生態系

においてはさまざまな物質が循環的に動いており，主に炭素循環，窒素循環，水循環などを指して物質循環とよんでいる．

4.2 放牧による生態系機能への影響

(1) 放牧による生産性への影響

MilchunasとLauenroth (1993) や，FerraroとOesterheld (2002) のグローバルスケールでのメタ解析によると，放牧は生産性に負の影響を与えると結論されている (図4.3)．これは，放牧の際の踏圧による植物組織の破壊のため，地上部の生産性が高い直立型のものが減少するかわりに地上部の生産性が低い匍匐型の植物が増加するため (Altesor et al., 2005)，土壌硬度が増加し水の浸透量が低下するため (図2.3)，等と説明されている．このパターンは，生産性が高い地域や放牧の歴史が浅い地域でそのマイナスの影響が顕著であった．

その一方で，最近の研究では軽放牧から中程度の放牧圧で生産性が最も高くなるパターンを示す研究も多い．たとえば，アメリカの草原では，無放牧のANPPが3574 kg/haであるのに対して，軽牧地では4194 kg/haであった (Patton et al., 2007)．このように採食を受けた植物がより旺盛に成長をすることを補償成長 (complementary growth，たとえばMcnaughton, 1979; Briske, 1993) とよんでいる．補償成長にはさまざまなメカニズムが働いていると考えられて

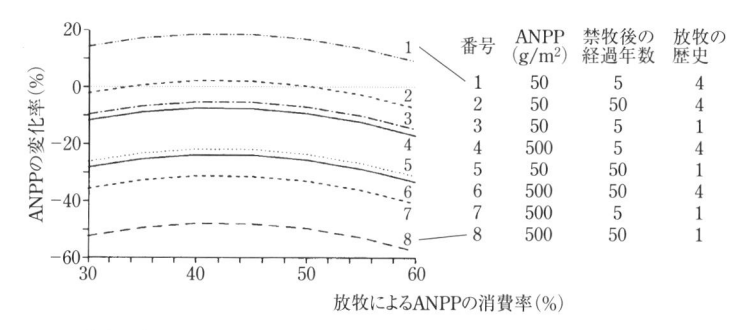

番号	ANPP (g/m²)	禁牧後の経過年数	放牧の歴史
1	50	5	4
2	50	50	4
3	50	5	1
4	500	5	4
5	50	50	1
6	500	50	4
7	500	5	1
8	500	50	1

図4.3 感度分析により得られた放牧によるANPPの消費率とそれに伴うANPPの変化率．図中にある曲線の番号は，それぞれ調査地のANPP，禁牧からの経過年数と放牧の歴史 (数字が大きいほど歴史が長い) が異なる場合の予測値を示している．(Milchunas and Lauenroth, 1993を改変)

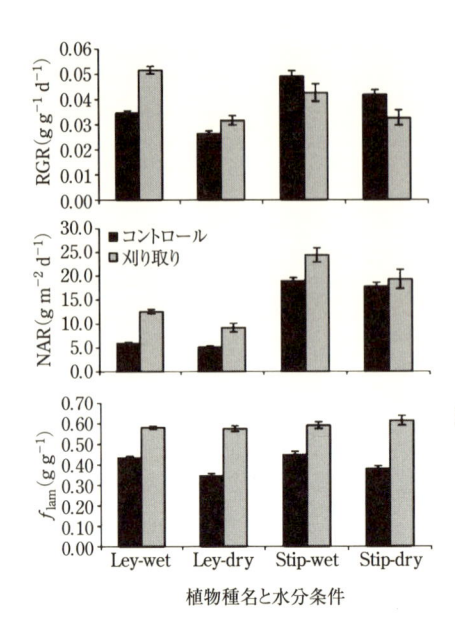

図 4.4 刈り取り処理により推定された平均の相対成長速度（RGR），総同化速度（NAR）と葉身の成長への配分率（flam）．それぞれイネ科の *Leymus* 属と *Stipa* 属を，湿潤状態（wet）と乾燥状態（dry）下においたもの．（van Staalduinen and Anten, 2005 を改変）

いる．植物は採食を受けると根や茎に蓄積していた炭水化物や窒素を葉の再成長のために転流させる（van Staalduinen and Anten, 2005；図 4.4）．頻繁に採食を受ける環境におかれた植物は，光合成効率を高めたり，若い葉の老化を抑える．草食動物の糞尿が土壌微生物を活性化させ，リターの分解速度を速め，植物による土壌養分の吸収を促進する（Turner et al., 1993）．適度な放牧があった方が，植物間の光競争を軽減し，さらに土壌に到達する光が増えることで土壌温度が上がり，生産量が増加する．しかし，放牧圧が高いと葉などの光合成を行う同化器官が失われるため，中程度の放牧圧よりも生産性が小さくなるものと考えられている．土壌中の窒素濃度が低い場合や降水量の多い年には補償成長が確認され，土壌中の窒素濃度が高い場合や降水量の少ない年は補償成長が生じない（Ferraro and Oesterheld, 2002; Schönbach et al., 2011）．

放牧による BNPP への影響は地域によって大きく反応が異なるが，根のバイオマスを平均で約 20％ 上昇させるという研究（Milchunas and Lauenroth, 1993）と，わずかに減少させるという研究（Ferraro and Oesterheld, 2002）がある．

このような 1 次生産性の増加はさらに 2 次生産性にも影響する．放牧密度が高いとヒツジ 1 頭あたりの体重増加量は低下するが，ヒツジの数が多いた

め面積あたりの体重増加量は上昇した．ところが，乾燥した年では面積あたりの体重増加量も上昇しなかった (Schönbach et al., 2012)．

> ### コラム 4.1　放牧地生態系における降水量と放牧圧の生産性への影響——平衡概念と非平衡概念
>
> 　ここでは，放牧地生態学における主要な概念について簡単に整理したい．そのうちの 1 つ，平衡概念 (equilibrium concepts) は，植生動態は連続的で可逆的な変化に特徴づけられるというものである (Clements, 1936; Dyksterhuis, 1949)．一方，非平衡概念 (non-equilibrium concepts) は，植生動態は不連続で不可逆的な変化に特徴づけられるというものである (DeAngelis and Waterhouse, 1987; Ellis and Swift, 1988; Westoby et al., 1989)．現在の放牧地生態学における知見の放牧地管理への応用は，これらの 2 つの概念のどちらか一方を基本として得られたもので，互いに乖離した議論が続いている (Briske et al., 2003)．以下では，放牧地生態学における 2 つの重要な概念の長所と短所について解説する．
>
> 　まず，平衡概念に基づく代表的な概念モデルとして，range model (Dyksterhuis, 1949) があげられる．このモデルでは，Clements (1936) による遷移論に従って，生態系は負のフィードバックメカニズムによる内的な制御機構をもっているとされており (DeAngelis and Waterhouse, 1987; Wu and Loucks, 1995)，連続的かつ可逆的な植生動態を前提においている (Clements, 1936; Dyksterhuis, 1949)．range model に基づいた生態系管理への応用例は，放牧強度の増加に伴って被度や個体数が増加する種 (increaser) または減少する種 (decreaser) を見出し，放牧地の状態を診断する指標を開発することである (図 4.5a)．これらの指標は，攪乱の影響が比較的小さく，安定性の高い生態系においては，持続的な生態系管理にとって有効な指標となる．
>
> 　しかし 1980 年代半ばから 1990 年初頭にかけて，放牧地生態学者の間で，平衡概念のみに基づいた放牧地生態系における植生動態の理解は不十分であること，ときに生態系管理を誤った方向に導き，生態系の荒廃を招いてしまうことがあると認識されるようになった (Wiens, 1984; Ellis and Swift, 1988; Walker, 1993)．これは，平衡概念が植生動態の不連続性や不可逆性，また気候の変動性や偶発的なイベント (干ばつ，雪害，野火など) の重要性を過小評価しているという理由からである (Wiens, 1984; Ellis and Swift, 1988)．そこ

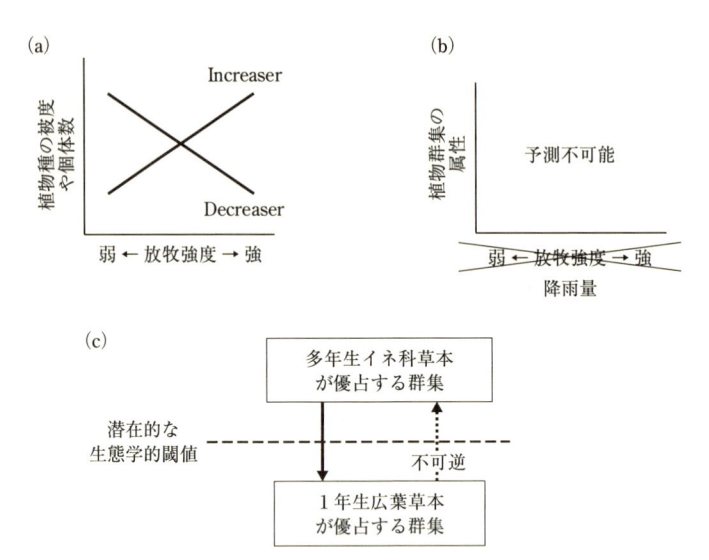

図 4.5 放牧地生態学における主要な概念に基づく3つの概念モデルに基づいた管理への応用のイメージ．それぞれ，(a) が range model，(b) が non-equilibrium persistent model，(c) が state-and-transition model に対応している．詳細な説明は本文を参照．

で，新たな概念として認識されるようになったのが非平衡概念であり，生態系の内的制御機構や安定性よりも，植生動態の不連続性や不可逆性が強調されている (Wiens, 1984; DeAngelis and Waterhouse, 1987; Ellis and Swift, 1988; Westoby et al., 1989)．この概念が放牧地生態学者の間で認知されていくのに伴い，生態系に関して予測可能な側面は平衡概念で認識されていたよりも少なく，生態系の不確実な動態を記述するために新たな概念モデルの構築が必要であると考えられるようになった (Wiens, 1984; Ellis and Swift, 1988)．

非平衡概念に基づく代表的な概念モデルを2つ紹介する．まず，その1つが non-equilibrium persistent model で，放牧地生態系における植生動態は一時的または不確実性の高い気候要因によってほぼ支配され，放牧は植物の生産量や群集組成を決める上で相対的にあまり重要な要因ではないとする概念モデルである (Wiens, 1984; DeAngelis and Waterhouse, 1987; Ellis and Swift, 1988)．実際に，いくつかの放牧地生態系ではこのような非平衡な動態が卓越していることが報告されているが (Fernandez-Gimenez and Allen-Diaz, 1999; Jackson and Bartolome, 2002; Walker and Wilson, 2002)，この概念モデルが必ずし

もあてはまらない例も多く存在する（Fernandez-Gimenez and Allen-Diaz, 1999; Fynn and O'Connor, 2000; Diaz et al., 2001; Walker and Wilson, 2002）．この概念モデルを実際の生態系で厳密に検証しようすると，ほとんどの放牧地生態系において非平衡な動態が過度に強調されることになる．なぜなら，生態系の状態は常に何らかの変化を伴っており，真に安定である場合はきわめて考えにくく，また真に安定であることの証明は非常に困難であるためである．植生動態の連続性や可逆性が部分的に認められるとしても，結果的にそれらは軽視されることになる（図4.5b）．また，突発的または予測不可能な要因によって植生動態が決まっているという結論は，生態系管理の主体がもつ管理への意欲を減退させてしまう可能性もあると指摘されている（Watson et al., 1996; Illius and O'Connor, 1999; Walker and Wilson, 2002; Buttolph and Coppock, 2004）．このような背景から，近年では対象とする生態系における植生動態を平衡か非平衡のどちらか一方に分類するのではなく，本来どのような生態系においても平衡および非平衡動態両方の側面をもっていることを認識することの重要性が指摘されるようになった（Fernandez-Gimenez and Allen-Diaz, 1999; Illius and O'Connor, 1999; Walker and Wilson, 2002; Buttolph and Coppock, 2004）．しかし，non-equilibrium persistent model 自体は，生態系の動態が負のフィードバックメカニズムによる内的な制御機構で必ずしも決まっているわけではなく，不確実性の高い気候要因等の外部要因によって生じる複雑な動態についても考慮する必要があることを提唱した概念モデルとして評価することができる．

　非平衡概念に基づく，もう1つの代表的な概念モデルがstate-and-transition model である．この概念モデルは，"擬似的に"複数の安定状態について記述し，その状態間の変移を引き起こす状況を予測することに焦点をおくモデルである（Westoby et al., 1989; Bestelmeyer et al., 2003; Stringham et al., 2003; Briske et al., 2005, 2006, 2008）．このモデルの特徴は，さまざまな環境変化（放牧によってもたらされるものも含めて）に対する植生の応答に非線形性があることを強調している点である．とくに，環境変化に伴う植生の変化には，ある安定状態と別の安定状態との境界に一致する閾値が存在することを仮定している（Briske et al., 2005, 2006, 2008）．一般的に，放牧地生態系においては，放牧強度の増加に伴って，イネ科多年生草本が優占する群集から，1年生の広葉草本（概して家畜はあまり好んで喫食しない）が優占する群集へ移行する．この概念モデルに基づくと，この2つの草本植物群集の状態間

の移行には閾値が存在し，その変化は不可逆であるという仮定をおくことができる（図4.5c）．しかし，このような閾値が実際に存在するのかどうかの検証がされないまま，管理への提言がなされている研究例は多い．逆に，閾値の存在や植生動態の非線形性を明らかにすることができれば，平衡および非平衡な動態両方を考慮した管理論の構築が可能となる．つまり，閾値を超える前までの生態系の状態における変化は連続的かつ可逆的であると考えられ，一方，元の状態から閾値を超えてしまうような変化は不可逆的であると考えられるため，生態系の平衡かつ非平衡な側面の両方を考慮することができる．

(2) 放牧による飼料価値への影響

　家畜放牧による土地利用が卓越する乾燥・半乾燥地域の草原における人間の活動は，地域の飼料資源に大きく依存しており，飼料資源の栄養的価値は持続的な家畜生産を行っていく上で非常に重要となる．しかし，過度の放牧による植生動態への影響は，放牧地における飼料価値の著しい減少を招く可能性がある．とくにモンゴル草原では，Sasakiら（2008）によって，植生の放牧に対する応答が非線形であることが報告されている．Sasakiら（2012）は，放牧による植物群集組成の急激な変化に伴って，放牧地の飼料価値がどのように変化しているのかについての検証を行っている．モンゴルの南北に広がる10の調査サイトを対象とし，家畜のキャンプ（夜間の家畜収容小屋）や水飲み場を源とする放牧傾度に沿った調査プロットにおいて，地上部の植物体を全採集し，粗タンパク質や中性デタージェント繊維の含有率（％），および代謝エネルギー（MJ/kg）を測定した．

　これらの飼料価値に関するパラメータの変化は，概して放牧傾度に沿った多年生イネ科優占草本の1年生広葉草本への置き換わりに対応していた（図4.6）．とりわけ，草本植物が優占するサイトでは，地上部植物体の代謝エネルギーは急激に減少した．この結果は，過度の放牧によって放牧地の飼料価値が著しく損なわれることを示唆している．一方，灌木植物が優占するサイトでは，飼料価値の変化はあまり認められなかった．灌木が優占するサイトでは，放牧傾度に沿った灌木の急激な減少が認められるが群集組成自体に大

きな変化は認められないため，飼料の質というよりも量に影響していることが反映されたものと考えられる．飼料の質への影響がないような場合でも，量が大きく減少していることは地域の牧民に認識されるべきである．以上のように，放牧地の飼料価値は，放牧に対する植物群集組成の急激な変化に伴って著しく減少することが示唆される．

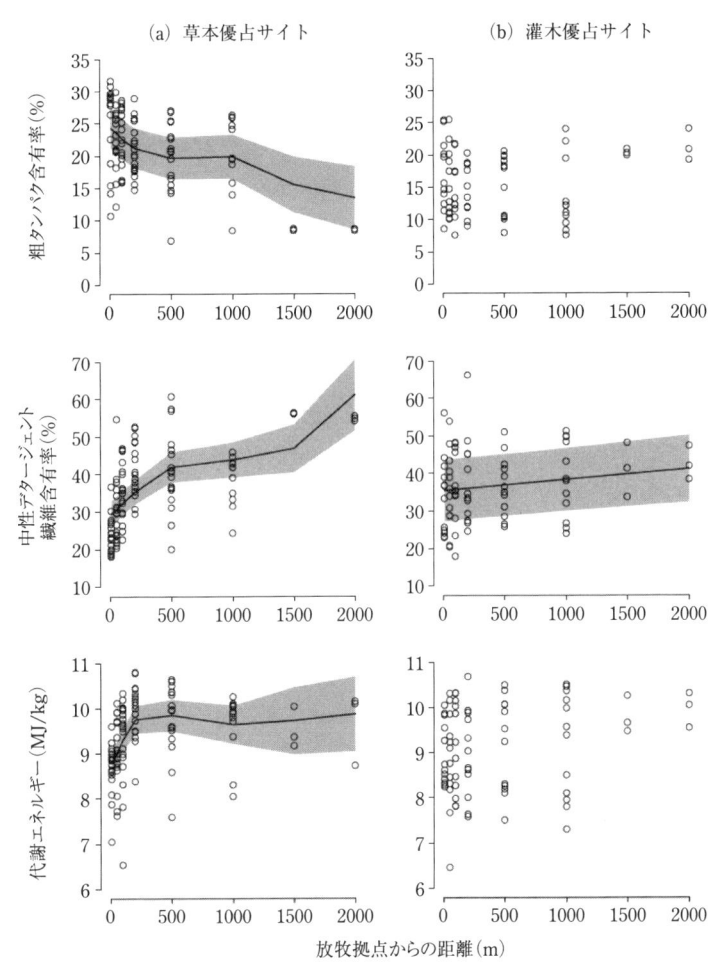

図4.6　モンゴル草原における放牧による飼料価値の変化．放牧拠点からの距離が近いほど放牧の強度が高く，遠いほど低い．実線は有意となったトレンド（P＜0.05）を，灰色のゾーンは95％信頼区間を表す．（Sasaki et al., 2012を改変）

別のモンゴルステップの研究では，放牧圧が高くなるにつれ，乾燥重量あたりの粗タンパク質やエネルギーが増加するが，重放牧下では植物量が小さいため，面積あたりの粗タンパク質やエネルギー量を計算するとその増加分は相殺される．また，植物体中の繊維やリグニンの量は放牧圧と負の関係にあった (Schönbach et al., 2012)．

(3) 放牧による土壌保全機能への影響

乾燥・半乾燥地域における草原は，他の湿潤な地域にある陸域生態系と比べて植被が少なく，生育する草本植物や灌木植物の植生高が低いために地表面が露出しやすく，風食や水食などの影響を受けやすい．とくに風食の場合，放牧などの撹乱によって植被が著しく減少すると，植被と風食の間の正のフィードバック機構 (コラム 4.2) が働くことによって，風食プロセスが加速することが予測されている (Davenport et al., 1998; Scheffer and Carpenter, 2003; Suding and Hobbs, 2009; 図 4.7)．風食プロセスの加速によって植被のさらなる減少を招くことで，地域の飼料資源は荒廃してしまう可能性がある (図 4.8)．さらに，地表面からの飛砂量の増加は，黄砂などの越境的な環境問題へと発展する危険性をもちあわせている．

ここでは，モンゴルの灌木カラガナ (*Caragana microphylla*) の優占する草原において，灌木被度の減少に伴う風食速度の増加について検証した例を紹介する (Sasaki et al., 未発表)．灌木被度の異なる多数のサイトで (サイト間で放牧強度の違いはない)，飛砂トラップ (図 4.9) を用いて，30 分間の飛砂量を計測し，風食速度 (g/時間) を計算した．灌木被度と風食速度の関係を解析したところ，灌木被度が 5〜6% 程度を下回ると加速度的に風食速度が増すことが明らかとなった (図 4.10)．灌木被度が 5〜6% 程度より高い場合は風食速度はあまり変化せず，風食と植被の間に負のフィードバック機構 (コラム 4.2) が卓越するものと考えられた．

さらに同じ草原において，放牧による灌木被度への影響を調べたところ，放牧強度の増加に伴って灌木被度は 6〜7% 程度まで緩やかに減少し，そのあと急激に減少した (図 4.11)．風食速度が加速度的に増加する灌木被度のレベルと，放牧によって急激に減少し始める灌木被度のレベルが非常によく対応していることが明らかになった．つまり，放牧による灌木被度の急激な減少

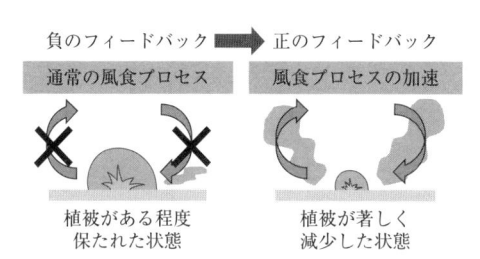

図 **4.7** 植被と風食の間の正のフィードバックによる風食プロセスの加速．放牧によって植被が著しく減少すると，風食プロセスが加速し，さらなる植被の減少を招く．

図 **4.8** 放牧によって植被がある一定程度まで減少し，植被と風食の間の正のフィードバックによって被度の減少が加速すると，裸地化に至ることがある．

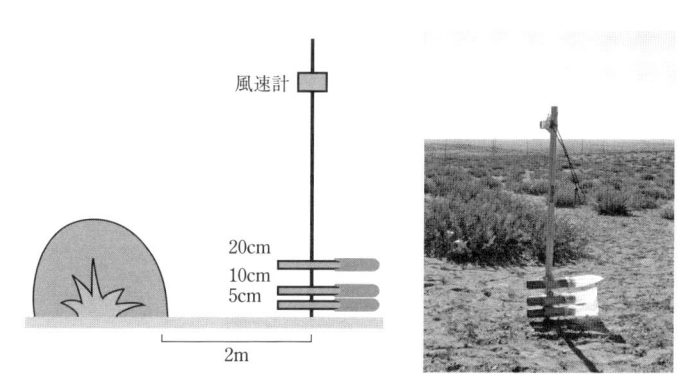

図 **4.9** 風食速度測定のための飛砂トラップ．非常に簡便な方法であるため，正確な風食速度測定はできないが，灌木被度の増減による風食速度の変化を相対的に把握することができる．

4.2　放牧による生態系機能への影響　　95

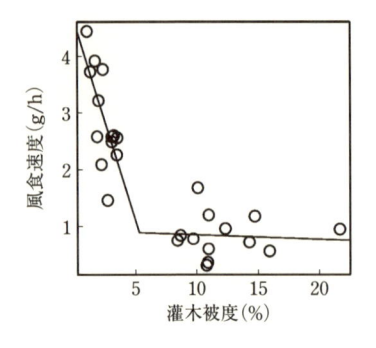

図 4.10 灌木被度の減少に伴う,風食速度の加速度的増加.灌木被度が5〜6%を下回ると,風食速度が顕著に増加する.(Sasaki et al., 未発表)

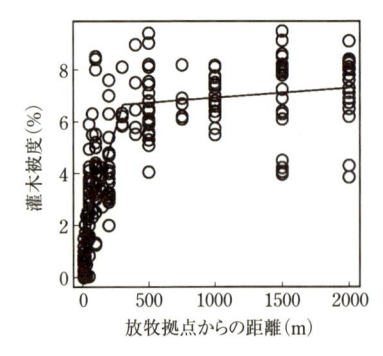

図 4.11 放牧による灌木被度の変化.放牧拠点からの距離が近いほど放牧の強度が高く,遠いほど低い.放牧強度の増加に伴い,灌木被度は6〜7%までは緩やかに減少し,そのあと急激に減少した.(Sasaki et al., 未発表)

には,灌木被度と風食の間の正のフィードバック機構が介在している可能性が示唆された.

以上のように,放牧によって植生被度が著しく減少すると風食などの地表面プロセスが加速し,草原がもつ土壌保全機能が失われることになる.上記の例の場合,風食プロセスが加速する灌木被度のレベルに留意して放牧利用を行うことによって,風食プロセスの加速および飼料資源の劣化を未然に防ぐことができる.土壌保全機能を確保するためには,放牧による地表面プロセスへの影響とその背景にあるフィードバック機構の理解が不可欠である.

コラム 4.2　生態系のフィードバック機構とレジリエンス

　何らかの外部要因によって，ある変化が起こったときに，その変化をさらに強めるような作用が働くことを正のフィードバックといい，反対にその変化を弱めるような作用が働くことを負のフィードバックとよんでいる．生態系にあてはめて考えると，攪乱に対する生態系の応答が，その応答をさらに促進させる機構を正のフィードバックという．反対に負のフィードバックは，攪乱に対する生態系の応答がその応答を制御するような機構を指す．負のフィードバックの卓越は生態系を安定化させる．

　その生態系で卓越するフィードバックメカニズムの切り替わり（負から正のフィードバックへの）や生物間相互作用の改変は，攪乱に対する生態系の急激な変化と密接に関連している可能性が高いことが理論的に予測されている (Scheffer and Carpenter, 2003; Suding et al., 2004; Suding and Hobbs, 2009)．攪乱による生態系の構造や組成などの変化は，本来は生態系を安定化させている負のフィードバック機構の卓越が正のフィードバック機構への卓越へと切り替わり，フィードバックに関わる生態系のプロセスをそれらの変化を助長する方向へ加速させる (Bestelmeyer, 2006; Briske et al., 2006; Suding and Hobbs, 2009)．正のフィードバックが卓越することによって，生態系は元の状態とは別の状態へ移行することとなる．生態系の状態を元に戻すためには，負のフィードバック機構を人為的な介入によって再構築することが必要となる (Whisenant, 1999; Stringham et al., 2003; Bestelmeyer, 2006; Suding and Hobbs, 2009)．つまり，生態系におけるフィードバック機構が一旦切り替わってしまうと，生態系を自律的に回復させることは困難もしくは不可能となる (Scheffer et al., 2001; Suding et al., 2004; Briske et al., 2006; Suding and Hobbs, 2009)．このように，生態系のフィードバック機構の理解は生態系の管理や復元にとって必要不可欠である．ただし，人為によるフィードバック機構の再構築には多大な人的および経済的コストがかかる場合が多いだろう．

　さらに，生態系のフィードバック機構との関連性が深い，生態系のレジリエンスの概念は，草原生態系の管理にとって非常に重要である．生態系のレジリエンスは，1973 年にカナダの生態学者 C. S. Holling によって生態学の分野に導入された (Holling, 1973)．草原生態系の管理においては，放牧の影響だけでなく，気候の変動性や偶発的なイベントなどの不確実な攪乱による生態系の非線形な変化についても注意しなければならない．草原生

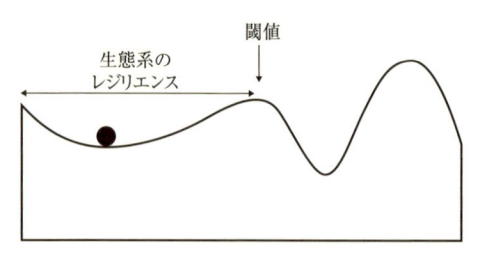

図 4.12 生態系のレジリエンス．ボールはある時点での生態系の状態を表し，谷は生態系の安定領域を表している．通常，生態系には負のフィードバック機構が働いているため，ある一定の攪乱が加わりボールが動いても，元の谷底に戻ってくるようになっている．生態系に対して大きな攪乱が加わると，ボールが谷を越えて動くことも考えられる．生態系のレジリエンスは谷の幅として定義できる．谷と谷の境界は安定領域間の閾値に相当し，負のフィードバック機構と正のフィードバック機構が切り替わる境界となる．

態系以外にも，さまざまな生態系においてその非線形な変化が報告されている (Millennium Ecosystem Assessment, 2005)．そこで，放牧や不確実な攪乱に伴う生態系の急激な変化を未然に防ぐことを目的として，生態系がもつレジリエンスを積極的に管理していく必要性が認識されるようになってきた (Folke et al., 2004; Briske et al., 2008; Suding and Hobbs, 2009; Mori et al., 2013)．

生態系のレジリエンスは，生態系が同じ機能や構造，負のフィードバック機構を維持するために，攪乱を許容できる量または程度と定義されている (Holling, 1973; Peterson et al., 1998; Gunderson, 2000；図 4.12)．図中で，ボール (生態系の状態) が同じ谷 (ある 1 つの安定状態) の内側にある場合は，生態系が機能や構造を維持されていることを意味する．生態系には元来，負のフィードバック機構が働いているため，ある一定の攪乱が加わることでボールが動いても，元の谷底に戻ってくるようになっている．しかし，生態系に対して大きな攪乱が加わると，ボールが図中の谷を越えて動くことも考えられる．ゆえに，生態系のレジリエンスは谷の幅として定義できる．谷と谷の境界は安定状態間の閾値に相当し，負のフィードバック機構と正のフィードバック機構が切り替わる境界でもある．図では生態系のレジリエンスは生態系の静的な特性として表現されているが，実際には攪乱が加わった後に生態系の機能や構造の再構成が生じるため (Gunderson and Holling, 2002)，生態系のレジリエンスは絶えず変動 (攪乱に応じて谷の傾きや幅が変化) している (Gunderson, 2000; Folke et al., 2004)．

干ばつや雪害など，不確実性の高い自然攪乱に対する生態系の応答を予測することは不可能に近い．不確実な攪乱による生態系の急激な変化については多くの報告例があるが，その背景にはさまざまな人間活動によって生態系が本来有するレジリエンスが減少していることが一因として指摘されている．レジリエンスは攪乱の種類に応じて，さまざまな生物多様性の側面によって支持されていると考えられている (Elmqvist et al., 2003; Folke et al., 2004; Mori et al., 2013)．これからの草原生態系の管理においては，過度な放牧によってレジリエンスが減少するのを回避するとともに，レジリエンスを積極的に強化することで不確実な攪乱に対して備えなければならないといえるだろう．

(4) 放牧による物質循環への影響

　草原生態系は植物体の光合成によって大気中の二酸化炭素を固定する一方で，植物および土壌の呼吸（生態系呼吸）によって二酸化炭素を大気へと放出している．生態系全体として，二酸化炭素の固定量の方が大きければ炭素のシンク，逆に放出量の方が大きければ炭素のソースとして機能することになる．さまざまな生態系における二酸化炭素の収支の把握は，近年の気候変動に関する研究において主要な課題の1つである．しかし，草原生態系は放牧による利用によって，さまざまな物質動態が改変されるため，生態系における二酸化炭素の収支は複雑である．

　HaferkampとMacNeil (2004) は，アメリカのプレーリー草原において，放牧が二酸化炭素フラックスに与える影響を調べた．二酸化炭素の吸収量は，降水および植物の生育のピークとなる春および初夏 (4〜5月) に最大となった．5月および7月に短期間の放牧を行い，放牧を行う直前と直後の二酸化炭素吸収量を3年間 (1996年から1998年まで) にわたって測定した．放牧によって，およそ70%の植物バイオマスが除去され，5月は3年間を通して二酸化炭素吸収量の減少が認められ，7月は1998年のみ二酸化炭素吸収量の減少が認められた．ゆえに，放牧が降水量および植物生育のパターンと相互作用して，草原の炭素動態に影響を与えていると考えられた．

　放牧ではないが，草食動物による採食は栄養塩循環や1次生産の速度を加

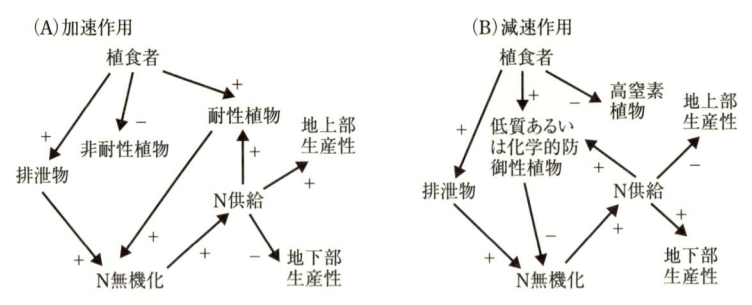

図 4.13 草食動物が植物種と栄養塩循環の正のフィードバックに与える加速作用と減速作用のフィードバックループ．矢印は草食動物による植物量やプロセス速度への間接効果を表している．（Ritchie et al., 1998 を改変）

速することもあれば減速することもある（図 4.13）．土壌が肥沃で植物の再生力が高い場合，採食してもすぐに質の高い（繊維などの高分子物質が少なく栄養価の高い）若い植物が再生する．質の高い植物のリターは土中の微生物にとって分解しやすいため，栄養循環の促進を介して生産速度を上昇させる．それに加えて，草食動物による採食は土壌動物や微生物によるリターの分解過程を省いて直接土壌へ排泄するので，栄養循環を加速する．一方で，植食者が質の高い植物種を選択的に採食し，質の低い植物種が残った場合，その質の低い植物種のリターは分解が遅いため，無機化速度の減少を介して生産速度の減少を引き起こす．

第5章　生物多様性と生態系機能

　3章および4章では，草原・草地における家畜の放牧，刈り取り，施肥，干ばつといったさまざまな攪乱による生物多様性および生態系機能への直接的な影響を紹介した．一方で，近年の研究により，生物多様性は生態系機能およびその安定性を向上させることがわかってきた．そのため，生物多様性と生態系機能の関係を理解し，生物多様性を適切に管理することで，さまざまな攪乱が生態系機能に与える影響を緩和できる可能性がある．本章では，生物多様性と生態系機能の研究の進展について解説する．

5.1　生物多様性と生態系機能の関係

　人間活動による急速な生物多様性消失への危機感の高まりから，生物多様性自体をいかに保全するか，ということが重視されてきた．しかし次第に，生物多様性を保全する積極的な動機が追求される中で，生態系が健全に機能する上での生物多様性の重要性が認識され始めるようになった．現在では，生物多様性と生態系機能の関係の解明が，生物多様性研究の最も重要なテーマの1つとなっている．すなわち，人間活動による生物多様性の消失によって生態系機能がどのように改変されるか，生態系機能が著しく損なわれないようにするにはどのように生物多様性を保全・管理したらよいのか，といった問いである．

　生物多様性と生態系機能の関係は，生物群集に含まれる種の機能への貢献度の差異と類似性，そして生物多様性が失われる（あるいは増加する）プロセスに依存して決まる（Naeem et al., 2002）．生物群集に含まれる種の機能への貢献度の差異が大きい場合，多様性の変化に比例して機能が変化する（図5.1a）．

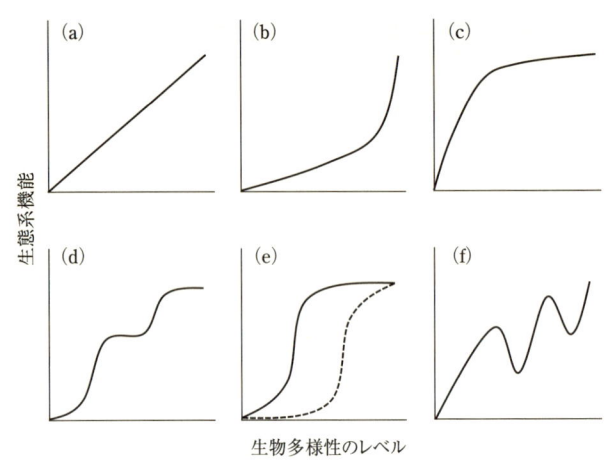

図 5.1 予測される生物多様性と生態系機能の関係．（Naeem et al., 2002 を改変）

また，機能への貢献度が大きいキーストーン種が群集に存在し，攪乱によって優先的にその種が失われると，急激に機能が減少するようなパターンが見受けられる（図 5.1b）．一方，群集における多くの種間で機能への貢献度が類似していて，機能的冗長性（コラム 5.1）が高い場合，多様性が一定程度失われても機能が減少しない（図 5.1c）．ただし，このことは逆にいえば，そのレベル以上の多様性が失われると機能が急速に損なわれることを意味している．さらに，機能の貢献度の類似した種群が複数存在し，それらの種群が段階的に失われるような場合，生態系機能は階段状に減少していく（図 5.1d）．自然状態の生物多様性のレベルから多様性が失われる過程（図 5.1e の実線）と生物多様性が 0 に近い状態から多様性が増える過程（図 5.1e の破線）の 2 つを考慮した場合，生態系機能の変化パターンが異なることがある．これはたとえば，攪乱を受けた後の群集が再構成され回復していく過程で，攪乱の影響による物理環境の改変が根強く残っている場合などに生じると考えられる．生物多様性が変化する過程と同時に起こる，環境や他種との関係性の変化などの状況に依存して，機能が複雑に変化するようなパターンも考えられる（図 5.1f）．たとえば，競合する 2 種が存在したとして，ある 1 種の消失に起因し，もう一方の種がバイオマスを急激に増加させることで，2 種で発揮できていた以上の機能を発揮するといった場合などに生じると考えられる．

生態系における生物多様性と生態系機能の関係性はさまざまなパターンが想定され，その背景にあるプロセスやメカニズムも多様である．そのため，ここであげたパターンがそのすべてではないことは明記しておく．野外での観察や実験により，生物多様性と生態系機能の関係性を検証する際には，対象とする生態系における生物群集に含まれる種の機能への貢献度，生物多様性が失われるプロセス，そのプロセスに付随して変化する物理環境や生物間相互作用などを念頭に入れて，柔軟に仮説を設定する必要があるといえるだろう．このような概念的な視点から行われた，ここ20年以上にわたる研究によって，生物多様性は何らかの仕組みで生態系機能やその安定性を向上させることがわかりつつある．次節以降では，生物多様性による生態系機能およびその安定性への効果について調べた研究を紹介する．

コラム 5.1　機能的冗長性

　近年，生態系機能やその安定性に寄与する生態系の要素として，生物群集における機能的冗長性の重要性が認識され始めている (Elmqvist et al., 2003; Folke et al., 2004; Mori et al., 2013)．機能的冗長性の概念は，群集内ではいくつかの種の機能的な役割が類似しており，機能的に冗長な種の消失は生態系の機能性や安定性にほとんど影響を与えないという考え方である (図 5.2)．

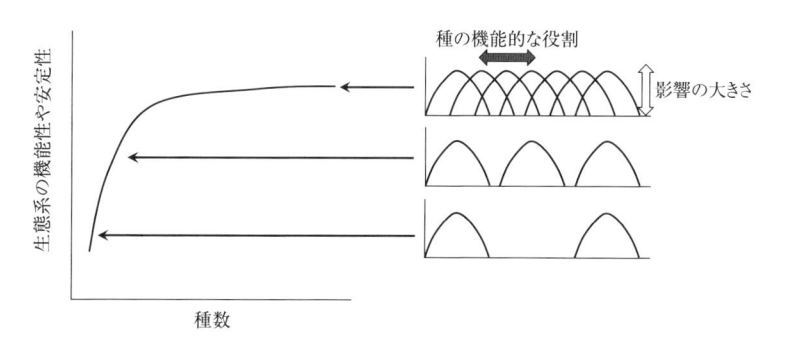

図5.2　生物群集における機能的冗長性の仕組み．群集内ではいくつかの種の機能的な役割が類似しており，機能的に冗長な種の消失は生態系の機能性や安定性にほとんど影響を与えない．しかし，ある一定のレベルまで種が失われると生態系の機能性や安定性は急速に損なわれる．(Peterson et al., 1998 を改変)

5.1　生物多様性と生態系機能の関係

しかし，すべての生物群集に機能的冗長性が備わっているわけではない．分類群，競争などの生態学的要因，攪乱の履歴などの歴史的要因によって，機能的冗長性の有無は左右されうる．機能的冗長性の有無は，群集における種間での機能形質の類似性，そして種数と機能的多様性（群集に含まれる種の機能や形質の違いを定量化した指標：コラム 3.1）の関係性を検証することで理解することができる．前者に関する冗長性は，内在的な冗長性（intrinsic redundancy, Petchey et al., 2007; Sasaki et al., 2009; Matsuzaki et al., 2013; Sasaki et al., 2014）とよばれており，群集自体に備わっている冗長性である．後者を決定する冗長性は，外在的な冗長性（extrinsic redundancy, Petchey et al., 2007; Sasaki et al., 2009; Matsuzaki et al., 2013; Sasaki et al., 2014）とよばれており，種の消失の規則性によって生じる．たとえば，放牧地では家畜の嗜好性の高い多年生イネ科草本が優先的に失われ，森林では分断化によって大きな体サイズをもつ上位の捕食者が優先的に失われる．

　図 5.1 であげた生物多様性と生態系機能の関係のパターンは，この機能的冗長性によって統一的に説明できる可能性が高い．機能的冗長性は，生態系機能とその安定性の変化を生物多様性の変化と関連づける重要な概念であるといえる（Petchey et al., 2007; Sasaki et al., 2009; Mayfield et al., 2010）．

5.2　草原・草地における生物多様性と生態系機能の関係の研究例

(1) 生物多様性による生態系機能への効果

　生物多様性と生態系機能の関係についての研究は，1990 年代中ごろから盛んに行われるようになった実験室や野外での操作実験を契機としている（Naeem et al., 1994; Tilman and Downing, 1994; Hector et al., 1999）．これらの研究の多くは，生物多様性を人工的に操作し（たとえば，播種によって実験区内に生育する草本植物の種数を変える），その処理が 1 次生産量や物質循環の速度といった生態系機能に与える影響を検証するものである．ここでは，そういった研究事例に絞って話を進めることにする．

　野外での操作実験は，草原・草地を対象としたものがその多くを占めてい

図5.3 米国ミネソタ州シダークリークの草地における生物多様性操作実験．(http://www.cedarcreek.umn.edu/ より転載)

る．その他には，実験室での小さな実験生態系における実験，岩礁生態系における実験等の結果がこれまでに報告されている．草原・草地における生物多様性と生態系機能の研究を牽引してきたのが，米国ミネソタ州のシダークリークで数々の関連研究成果を生み出してきた Tilman らのグループである（Tilman and Downing, 1994; Tilman et al., 1996, 1997, 2001, 2002）．Tilman ら（2002）は，9 m 四方の小さな区画に植物を播種し，種数のレベルを操作した（図5.3）．2年をかけて生育を安定させた後，各区画において植物の被度やバイオマスを測定した．すると，種数のレベルが高い区画ほど植物の地上部バイオマスは高くなった（図 5.4a）．根圏での硝酸塩濃度は，種数のレベルが高い区画ほど低いことがわかった（図 5.4b）．播種に使った種は全部で 18 種の多年生植物で，これらの種は C4 イネ科草本，C3 イネ科草本，マメ科広葉草本，その他の広葉草本，灌木といった複数の機能群（生物の機能や形質によって分類された種のグループを指す）から構成されていた．種数のレベルが高い区画は多様な機能群を含んでおり，効率的に土壌中の栄養塩類を吸収できたことによって，地上部および地下部の生産性が高まったと考えられる．また，マメ科の植物は窒素固定を行うことで共存しているイネ科草本の成長を促進したと考えられる．

　アーバスキュラー菌根菌は糸状菌の一群で，土壌中に普遍的に存在し，植物体に感染した後，土壌中のリン酸を宿主植物に供給している．van der Heijden

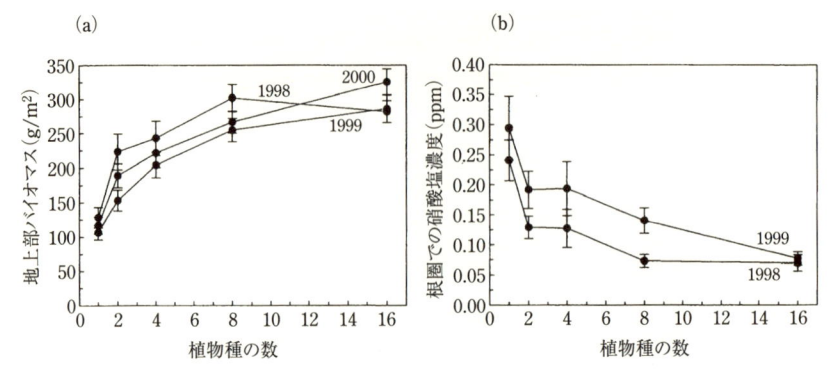

図 5.4 シダークリークにおける生物多様性操作実験の結果．(a) 播種によって操作した植物種の数と地上部バイオマスとの関係．(b) 植物種の数と根圏での硝酸塩濃度の関係．(Tilman et al., 2002 を改変)

ら (2006) は，草原に小さな実験生態系を設置し，菌根菌の種類や多様性が異なる処理区を設けた．その結果，それぞれ単独の菌根菌を加えた処理区とそれら4つの菌根菌を同時に加えた処理区とで各生態系機能（根のバイオマスやリン吸収量等）に有意な差がみられなかった．この実験で用いた4つの菌根菌は同じ属であったため，それぞれの種の機能が似ており，補償作用が働かなかったのかもしれない．

　Tilmanらの実験は，生物種の数だけでなく種の機能や形質の違いも生態系機能に貢献する生物多様性の要素である可能性を示唆しており，理論的な予測 (Loreau, 1998) に沿う知見であった．近年の研究では，群集に含まれる種の機能や形質の違いを定量化した，「機能的多様性」という指標（コラム3.1）が広く用いられるようになってきており，生態系機能を規定する重要な要因の1つであると考えられている (Petchey and Gaston, 2002, 2006; Petchey et al., 2004; Schleuter et al., 2010; Cadotte et al., 2011)．さまざまな計算方法が存在するが，一般に，群集に含まれる種間の機能や形質の非類似度を考慮に入れた定量化を行う（計算などの詳細は Schleuter et al. (2010) を参照されたい）．つまり，群集に含まれる種の機能や形質が異なっているほど，機能的多様性の値は大きくなる．Petcheyら (2004) は，ヨーロッパの6つの地域の草地で行われた生物多様性実験 (BIODEPTH 計画，Hector et al., 1999) のデータを用いて，種数および機能的多様性と植物の地上部バイオマスとの関係を検証した．結果，種

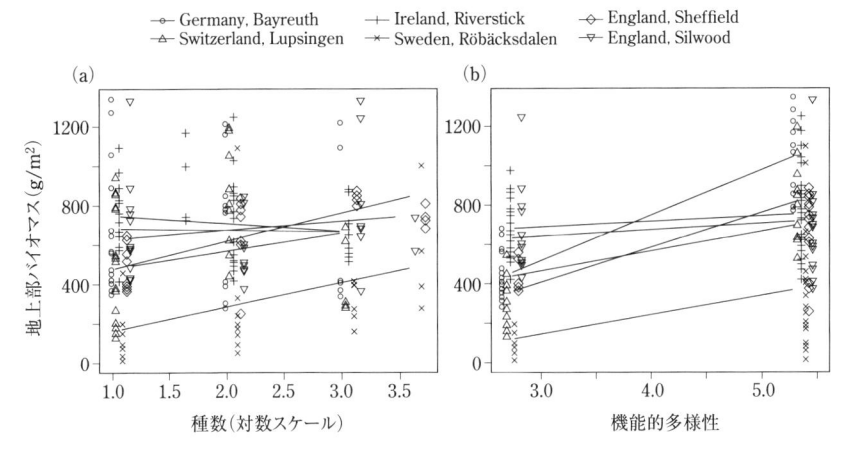

図 5.5 ヨーロッパの 6 つの地域の草地で行われた生物多様性実験の結果．(a) 種数と地上部バイオマスとの関係．(b) 機能的多様性と地上部バイオマスの関係．(Petchey et al., 2004 を改変)

数よりも機能的多様性の方が地上部バイオマスに対する貢献度が高いことがわかった(図5.5)．さらに，生物の進化的な多様化を考慮した系統的多様性も生態系機能と関連する新たな指標として注目されている (Cadotte et al., 2011)．一般に，系統的多様性は群集に含まれる種群で描かれる分子系統樹の枝の長さの和で定量化することができる (Faith, 1992)．Flynn ら (2011) は，草原・草地における 29 の生物多様性実験のデータを対象に解析を行い，系統的多様性も機能的多様性と同様に生態系機能を説明する有効な指標であることを報告している (図 5.6)．野外での測定しきれなかった形質や機能の違いを系統的多様性によって捉えられている場合，機能的多様性よりも系統的多様性が生態系機能を説明する有効な指標となる可能性がある (Cadotte et al., 2011)．

草原・草地における生物多様性実験に限らず，さまざまな生態系および分類群において多くの実験が現在まで行われてきた結果，概して，生物多様性は生態系機能のレベルを向上させることがわかってきた (Cardinale et al., 2011, 2012)．その背景にある仕組みは，大きく分けて 2 つあると考えられている (Loreau and Hector, 2001)．相補性効果 (complementarity effect) と選択効果 (selection effect) である (コラム 5.2)．

相補性効果は，主に種間のニッチの差異や促進作用 (種間における正の相

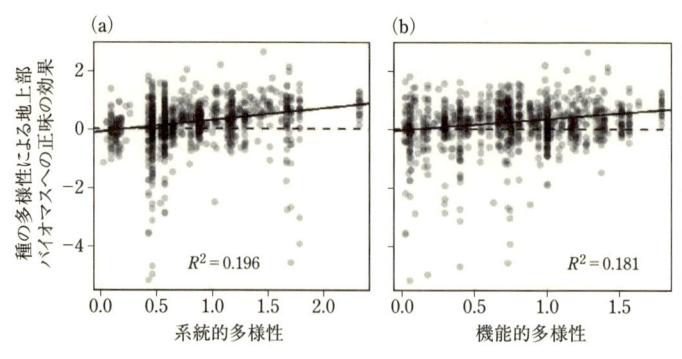

図 5.6 系統的多様性 (a) および機能的多様性 (b) の増加に伴う，種の多様性による地上部バイオマスへの正味の効果の増加．29 の草原・草地における生物多様性実験のデータを用いた結果．（Flynn et al., 2011 を改変）

互作用）に起因するもので，種が多様であることの純粋な効果と捉えることができる．種間で利用資源のニッチが異なると，群集に多く種が含まれるほど群集全体で効率的な資源利用が行われるため，生態系機能は結果的に高まると考えられる．また，ある種が他種の機能を高めるような場合，群集に複数の種がいることによる生態系機能の向上がみられると考えられる．たとえば植物群集において，窒素固定能をもつマメ科灌木が，土壌中の窒素のみ利用可能な植物種の生産性を高める場合などがこれにあてはまる．

一方，選択効果は群集に含まれる種が多いほど，機能の高い種が含まれる確率が高くなり，さらにその種が群集内で優占することによって，結果的に機能が向上するという現象である．あらかじめ限定された種群から無作為に種を選択し，それらの播種による操作実験を行う場合，種数の低い区画では機能の高い種が含まれる確率が低く，高い区画では含まれる確率が高まるため，種数と機能に正の関係が生じることとなる (Huston, 1997)．そのため，この仕組みによる生態系機能の向上は，必ずしも純粋に種が多様であることの効果とはいえない．一般的に野外の生物群集においては，競争能力とそれに起因する種の優占度には偏りがみられるため (Grime, 1998)，選択効果は多かれ少なかれ存在するものと考えられる．ここで重要なことは，選択効果と相補性効果が互いに排他的ではないということである．

Cardinale (2011) は，種が利用できるニッチの増減によって，選択効果と相

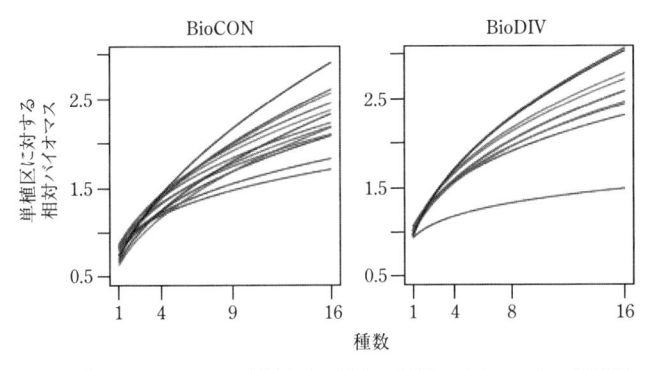

図 5.7 植物種数とバイオマス（単植区に対する相対バイオマス）の関係性の実験初期（BioCON, BioDIV という 2 つの実験プロジェクトを対象とした）からの経年変化．グラフの曲線の違いは観測年の違いを表し，概して，線形に近い曲線になるほど遅い観測年で得られた曲線となる．つまり，実験初期では種数の増加によるバイオマスへの効果は飽和するが，実験の経過とともに種数の増加に比例してバイオマスは大きくなった．（Reich et al., 2012 を改変）

補性効果の相対的重要性が変わることを河川環境を模した室内実験生態系を用いて示している．種が利用できるニッチ（流速環境や攪乱の頻度の違いにより生じる）が多い場合，さまざまな種がニッチを相補的に利用することができ，珪藻や緑藻類の種数の増加につれて生態系機能（それらのバイオマスや窒素吸収速度）が高まった．一方でニッチが少ないと，そのニッチに適した競争優位種が優占するようになるため，種が多様であることよりも優占種の生態系機能への貢献度が圧倒的に大きくなった．

また，Reich ら（2012）は，操作実験開始後の長期モニタリングデータを用いて，種数の効果が時間の経過とともに増し，その効果は長期スケールでの種間の資源獲得および利用の相補性によるところが大きいことを明らかにしている．時間の経過とともに，種数と生態系機能の関係は，飽和するようなパターンからより直線的なパターンへと変化した（図5.7）．Reich ら（2012）は，播種によってつくられた人工的な草本群集は，実験初期においては各種がニッチを埋め切れていないが，時間が経過するにつれて各種がそれぞれのニッチを埋め相補的に機能することができるために，このような対照的なパターンが検出されたと考察している．

しかし，実際の生態系では，環境の異質性や攪乱などによって，種が利用

できるニッチはさまざまな時空間スケールで変動する．そのため，多様性の生態系機能に与える効果として，選択効果ないし相補性効果のどちらが卓越しているのかは状況依存的に決まる可能性が高い．今後は実際の生態系において，どのような条件のときに，どのような仕組みで生物多様性が生態系機能に貢献するのかを解明していく必要がある．

コラム 5.2　多様性による相補性効果と選択効果の切り分け

　生物多様性が生態系機能を向上させる仕組みとして，相補性効果と選択効果が考えられている．生物多様性の操作実験において，複数の種から構成される実験プロット（混植区：polyculture）と単一の種で構成される実験プロット（単植区：monoculture）の生態系機能を比較することで，多様性による相補性効果と選択効果を切り分けることができる (Loreau and Hector, 2001)．

　ここでは対象とする生態系機能を生産量として解説する．正味の多様性の効果，ΔY は，混植区で観測された生産量から，相補性効果および選択効果が全く存在しないと仮定した場合の生産量の期待値を引いたものとなる．ここで後者の期待値は，各種の単植区における生産量を混植区における初期の相対アバンダンス（播種による多様性操作の場合，各混植区における全体の播種量に対する各種の播種量の割合）で重みづけした値の合計値として計算できる．ΔY は，以下のように加法分割できる．

$$\Delta Y = Y_o - Y_E = \sum_i \frac{Y_{oi}}{M_i} \times M_i - \sum_i \frac{Y_{Ei}}{M_i} \times M_i = \sum_i RY_{oi} M_i - \sum_i RY_{Ei} M_i$$

$$= \sum_i \Delta RY_i M_i = N \overline{\Delta RY} \, \overline{M} + N \mathrm{cov}(\Delta RY, M)$$

Y_o：混植区における生産量（実測値）

Y_E：混植区における生産量（期待値）

Y_{oi}：混植区における種 i の生産量の実測値

M_i：種 i の単植区における生産量（実測値）

Y_{Ei}：混植区における種 i の生産量の期待値

RY_{oi}：混植区における種 i の生産量（実測値）の単植区における種 i の生産量に対する相対値

RY_{Ei}：混植区における種 i の生産量（期待値）の単植区における種 i の生

産量に対する相対値，すなわち種 i の初期の相対アバンダンス
ΔRY_i：混植区における種 i の生産量（実測値）の相対値から，混植区における種 i の生産量（期待値）の相対値を引いた値
N：混植区における種数

　この数式における，$N\overline{\Delta RY\,M}$ が相補性効果を，$N_{\text{cov}}(\Delta RY, M)$ が選択効果を表す．相補性効果は，混植区における種の生産量の平均値が単植区における種の生産量の重みづけ平均値よりも大きい場合に生じる．ニッチ分割や促進作用などを通して，各種が資源を相補的に利用している場合に相補性効果が生まれる．選択効果は単植区での生産量が単植区での生産量の全種の平均値より高い種が混植区を優占するような場合に生じる．

　正味の多様性の効果，相補性効果の貢献度，選択効果の貢献度と生物多様性との関係性を検証することにより，生物多様性によって生態系機能が向上する仕組みを紐解くことができる．

(2) 生物多様性による生態系機能の安定性への効果

　「生態系の機能およびサービスの保全と持続的な利用」（Millennium Ecosystem Assessment, 2005）の観点から，さまざまな攪乱の影響に対する生態系機能の維持における生物多様性の長期的な効果に関する研究も進められている．とくに，生物多様性と生態系機能の関係性は時間の経過とともに強くなるという報告例（van Ruijven and Berendse, 2005; Cardinale et al., 2007）が増えてきており，生物多様性は短期スケールで生態系機能のレベルを向上させるだけでなく，生態系機能の安定性に寄与する長期的な効果ももち合わせていることがわかりつつある（Cardinale et al., 2012; Mori et al., 2013）．

　生態学においては安定性の定義は多岐にわたるが，生態系機能の安定性を取り扱う研究では，時間的な安定性，回復速度，攪乱や生物侵入に対する抵抗性の主に 3 つの定義が用いられている．時間的な安定性は，一般的に生態系や群集における生態系機能の量の変動係数（標準偏差を平均で割った値）の逆数として定量化できる（Tilman, 1999; Tilman et al., 2006）．この値が大きいほど，時間的安定性は高いということになる．回復速度は，攪乱を受けた後から生態系機能が回復していく速度となる（van Ruijven and Berendse, 2010）．抵抗

性は，攪乱や生物侵入を受ける前と受けた直後での生態系機能の変化を定量化することで得られる (Tilman and Downing, 1994; Pfisterer and Schmid, 2002)．このように生態系機能の安定性に対してはいくつかの測定方法があるが，生態系の時間的な安定性は，抵抗性と回復速度という安定性の2つの側面を包含する測定方法として最も広く用いられている．

　生態系機能が安定化する機構として，主に以下の3つが理論的に予測されている．多様な種を含む群集ほど，1) 種ごとの個体数変動がランダムなとき群集全体の機能の変動（分散の合計）が小さくなる傾向にある（ポートフォリオ効果：Doak et al., 1998; Tilman et al., 1998; Cottingham et al., 2001），2) 種ごとの攪乱に対する反応や競争に違いが生じ，負の共分散が大きくなる傾向にある（共分散効果，Doak et al., 1998; Ives et al., 2000; Tilman, 1999; Yachi and Loreau, 1999; Cottingham et al., 2001），3) 群集全体のバイオマス（または特定の生態系機能の量）が大きくなる傾向にある（過収量効果：Tilman, 1999; Lehman and Tilman, 2000; Cottingham et al., 2001），といった効果を通して生態系機能が安定化すると考えられている．

　Isbellら (2009) は，米国テキサス州の草原において植物種の数を移植によって操作し，実験開始から8年間にわたるモニタリングデータを用いて，降水量変動下の種数と地上部生産量の時間的安定性（変動係数の逆数として定量化）の関係を検証している．その結果，種数と生産量の安定性の間には正の相関がみられた（図5.8a）．種数の増加に伴う生産量の安定性の向上の背景に

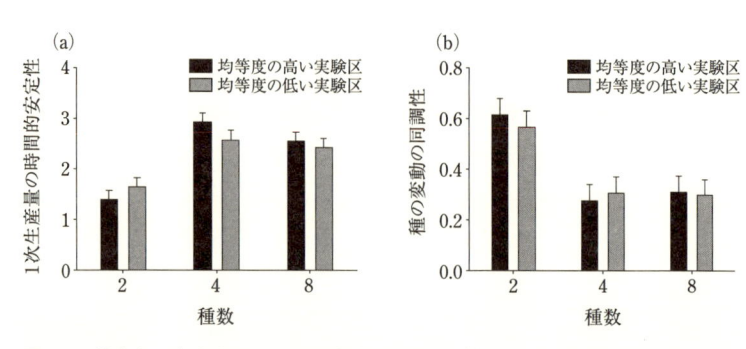

図5.8　種数と1次生産量の時間的安定性の関係 (a)，および種数と種の変動の同調性の関係 (b)．均等度の高い実験区と低い実験区によって，その関係性に違いはみられなかった．(Isbell et al., 2009 を改変)

は，過収量効果，共分散効果，そしてポートフォリオ効果があることが推察された．過収量効果の存在は，種を2種以上植えた実験区の収量の平均値が，各種を単一で植えた場合の収量の合計の平均値よりも高くなる現象がみられたことから示唆された．共分散効果については，8年間に起こった降水量変動やその他の環境変動に応じて群集で優占する種が異なったり，それぞれの種の応答が異なったりすることで，群集全体の生産量が安定化したと考えられた（図5.8b）．

環境変動に対する応答の非同調性による生態系機能の安定化は，保険仮説（insurance hypothesis, Yachi and Loreau, 1999）として理論的にも提唱されている．ポートフォリオ効果は，種間の変動に相関がない場合でも生じ，種が多様である群集においては各種の分散が群集全体では平均化されるため，生態系機能が安定化するという仕組みである．以上のように，環境変動を考慮に入れた場合も，生物多様性は生態系機能の安定化に貢献しうる．

生物多様性と生態系機能の安定性の研究においても，機能的多様性，系統的多様性，遺伝的多様性などの新たな定量化手法を用いた研究例が増えつつある．Weigeltら（2008）は，ドイツのイェーナで実験的につくり出された草本群集を用いて，種数，機能群の数，そして機能的多様性（Rao (1982) のquadratic entropyを用いた定量化手法による）と生産量の空間的安定性（変動係数で表す）との関係を検証した．種数および機能群の数と生産量の安定性の間には関係性がみられなかったが，機能的多様性と生産量の安定性の間には正の相関関係（変動係数が大きくなるほど安定性が低いため，グラフの回帰直線の傾きは負になる）がみられた（図5.9）．つまりこの結果は，群集における機能的多様性も，生態系機能の安定性に貢献しうる重要な生物多様性の要素の1つであることを示唆している．

近年の研究の蓄積により生物多様性が生態系機能の安定性に寄与していることがわかりつつあるが，生物多様性によって生態系機能が安定化する仕組みについては，まだ十分な実証は得られていないのが現状である．Tilmanら（2006）は，シダークリークにおける10年間の実験データを用いて，地上部生産量の安定性が種数とともに増加することを示している．この生産量の安定化の仕組みには，過収量効果とポートフォリオ効果が存在することが示唆されたが，共分散効果は認められなかった．しかし，上記のIsbellら（2009）の

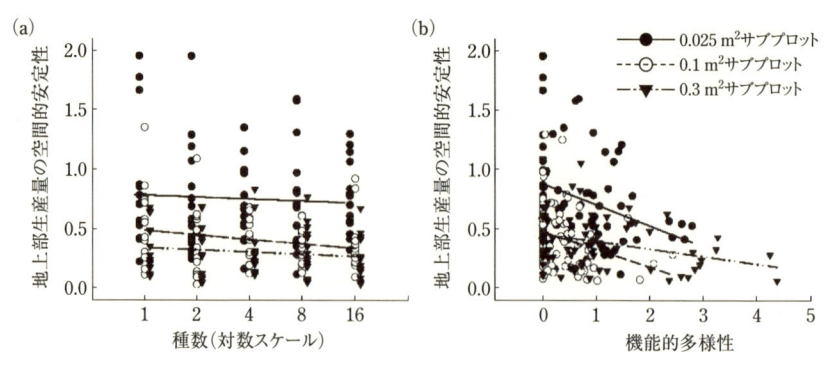

図5.9 ドイツのイェーナの草原実験サイトにおける多様性(種数と機能群の数を播種によって操作)と地上部生産量の空間的安定性の関係.空間的安定性は変動係数で算出しているので,値が高いほど安定性が低い.(a)種数と生産量の空間的安定性の関係.(b)機能的多様性(Raoの指数で算出)と生産量の空間的安定性の関係.生産量の空間的安定性は種数によらなかった.一方,機能的多様性が高いほど空間的なニッチ相補性が働き,生産量の空間的安定性は高くなった.いずれの結果も,解析対象とするサブプロットの大きさには依存しなかった.(Weigelt et al., 2008 を改変)

例では,これら3つの効果すべてが安定性に寄与していることが推察されているように,生態系機能が安定化する仕組みの相対的重要性については研究によって一貫していない.さらに環境の変動性が大きい生態系においては,必ずしも生物多様性によって生態系機能の安定化がもたらされるわけではないかもしれない(Valone and Barber, 2008; Sasaki and Lauenroth, 2011).たとえば降水量の変動性が高い乾燥草原では,種が多様であることよりむしろ優占種の存在が群集の安定性に影響を与えているという報告もある(図5.10aおよびb; Polley et al., 2007; Sasaki and Lauenroth, 2011).米国コロラド州の短草草原におけるSasakiとLauenroth(2011)の研究では,降水量が極端に少ない年にバイオマスの小さい種群が軒並み消失するため共分散効果が働いておらず(図5.10c),種数の群集の安定性への効果が打ち消されたと推察されている.

以上のように,生物多様性によって生態系機能が安定化する仕組みの理解についてはまだ十分に研究が進んでいるとはいえない.今後は,長期実験データによる検証,野外における観察パターンとの照合,実証研究の結果を基にした理論モデルの開発を行っていく必要がある.将来的な環境変化およびその生態系への影響の予測は非常に難しい.そのため,とくに家畜放牧を中心

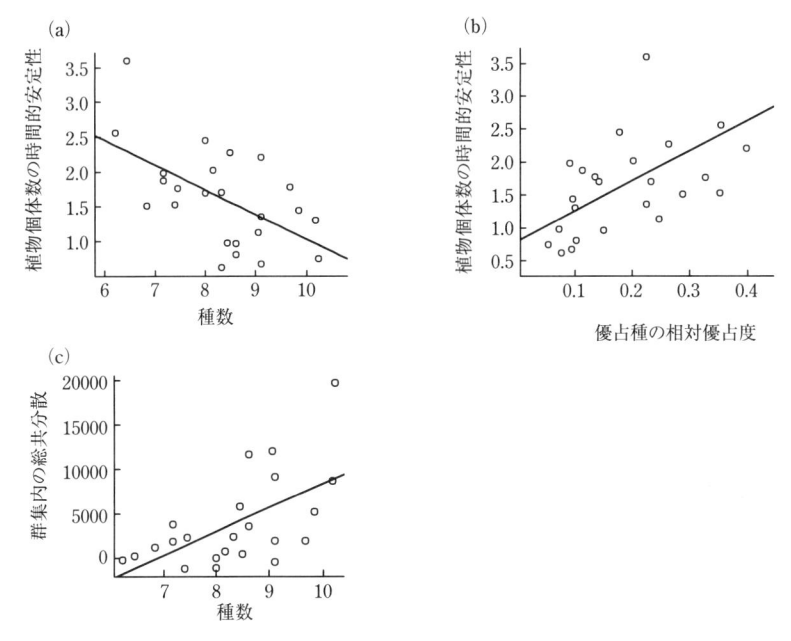

図 5.10 米国コロラド州の短草草原における実験の結果．(a) 種数が増加すると，植物個体数の安定性が減少した．(b) 優占種の相対優占度が高いほど安定性が増加した．(c) 群集内の総共分散は種数が多いほど高くなった．(Sasaki and Lauenroth, 2011 を改変)

とした土地利用がなされる草原生態系では，"生態系サービスの保全と持続的な利用"(Millennium Ecosystem Assessment, 2005) の実現に向けて，生態系サービスにつながる生態系機能を安定的に維持していく知見を構築することが重要である．生物多様性による生態系機能の安定性への貢献は，生物多様性を管理・保全する積極的な動機になりうる．ただし，環境変動の強弱やその他の状況によっては種が多様であること以外の生物多様性の要素（たとえば，優占種やキーストーン種など特定の種の存在）が重要となる場合も考えられる．さまざまな状況で生態系における生物多様性がもつ役割を明らかにしていく必要があるといえるだろう．

コラム 5.3　生物多様性と 2 次生産機能

　生物多様性と生産機能の関係の研究は，そのほとんどが 1 次生産機能（植物生産機能）にスポットが当てられており，2 次生産機能の研究は行われてこなかった．そこで，筆者らは植物の種多様性と家畜生産機能の関係の研究を行った．植物体中のミネラルは種内・種間で差異が大きいことから，摂取する植物種が乏しい場合，家畜体内のミネラルバランスが崩れ，家畜

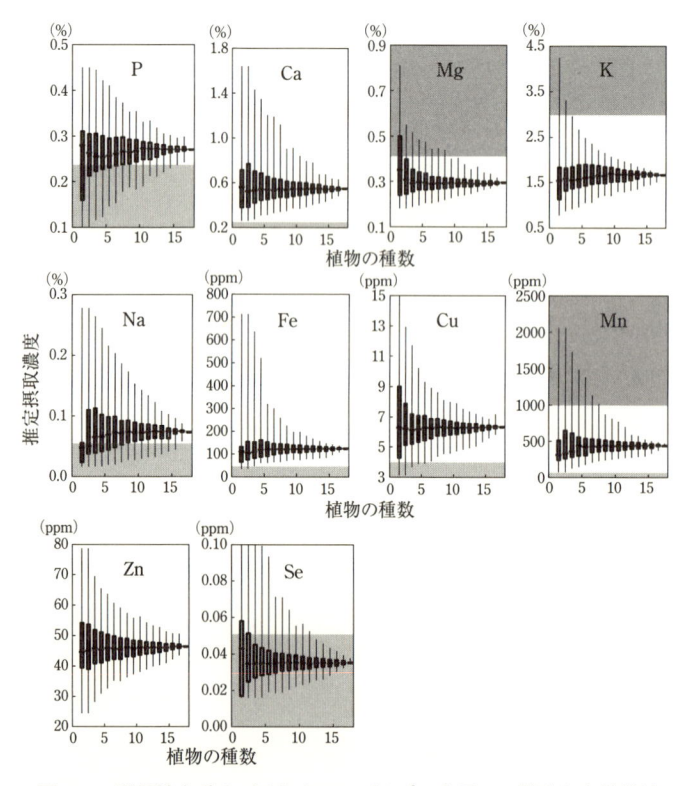

図 5.11　選択性を重みづけしたアルゴリズムを用いて推定した放牧地の植物種数と放牧肉牛のミネラル摂取推定濃度との関係．箱ひげ図は 1000 回のシミュレーションによって推定されたミネラル摂取値の最大値，最小値，中央値を示している．■の範囲は必要量以下，■の範囲は過剰摂取を示している．（Yoshihara et al., 2013a を改変）

の生産性に影響するおそれがある．そこで，Yoshihara ら (2013a) は放牧草地に多様な植物種が存在することで，放牧牛がミネラルをバランスよく摂取できるという仮説を立てた．東北大学の附属農場にある草地性の牧野草 17 種類を採取し，家畜に必要な 12 種類 (P, Ca, Na, K, Mg, S, Fe, Zn, Cu, Mn, Se, Co) のミネラル含量を計測した．得られた各植物中のミネラル含量とコンピュータシミュレーションを用いて植物の種数の変化に伴う放牧牛のミネラル摂取濃度を予測した．シミュレーションで摂取濃度を求める際には，牛が全種類の植物を同じ割合で摂取した場合と，牛の好みによって異なる割合で植物種を摂取した場合 (選択性を重みづけした場合) を想定し，2 種類のアルゴリズムを用いた．その結果，放牧地の植物種が足りなかった場合，P, Na, Fe, Cu は不足する可能性があり，Mg, K, Mn は過剰摂取する可能性がある (図 5.11)．植物の両方のアルゴリズムとも放牧地の植物種数が 1 種類の場合に比べて，17 種類の場合は放牧牛のミネラル摂取量が健全なレベルになる確率が平均で約 17% 上昇することが明らかになった．

さらに，このシミュレーションの結果を実証するため，モンゴルで摂取した植物種数の異なる 2 つの遊牧民の家畜を調査した (Yoshihara et al., 2013b)．放牧地で出現頻度の高い植物種と，ウシおよびヒツジの頸部から被毛をサンプリングした後，それぞれのミネラル含量を求めた．植物中のミネラル濃度から摂取量を推定すると，多様な植物種を摂取している遊牧民の家畜の方が主要要素の摂取量が高くなった．また，ヒツジ・ウシ被毛中の主要要素 (Ca, Mg, Na) の濃度は多様な植物種を摂取している遊牧民の家畜の方が高かったが，ヒツジ被毛中の微量要素 (Fe や Al など) は逆に多様な植物種を摂取している遊牧民の家畜の方が低かった．これらの結果から，多くの植物種を摂取しているヒツジは，少ない植物種を摂取しているヒツジと比べて，被毛中の主要ミネラルの濃度が高い一方，中毒性のある有毒ミネラル (Al など) の濃度が低いことがわかった．これらの結果から，実証研究においてもシミュレーションの結果が支持されており，植物の種多様性の高い放牧地を維持することによって，家畜の健康性の向上をもたらす可能性が示唆された．

第6章　これからの草原・草地生態学

　最終章である本章では，応用科学としての草原生態学の役割について論じる．まず，生態系サービスの持続的利用という観点から，生態系機能の向上をはかるための生物多様性の適切な管理について述べるとともに，今後の研究の方向性を展望する．そして，グローバルな環境問題への対処という観点から，荒廃草地の修復，気候変動への適応，予防的管理による草地資源の持続的利用等，それぞれの課題解決に向けた草原生態学の役割について論じる．

6.1　草原・草地における生物多様性と生態系機能の管理

(1) 生物多様性の適切な管理による生態系機能の向上と安定的な維持

　草原・草地における家畜の放牧，刈り取り，施肥，干ばつといった攪乱は生物多様性に影響を与える．その影響は，場所ごとの環境の違い，攪乱の強さや頻度，分類群の違いなどによって，さまざまな形で表れる．さらに，生物多様性は生態系機能と関連するため，攪乱による生物多様性の影響は生態系機能の変化へとつながる．つまり，草原・草地を持続的に利用していくためには，放牧による生物多様性への影響，および生物多様性が生態系機能に与える影響の双方の理解が必要である．

　まず第一に，生物多様性を適切に管理することによって，生態系機能のレベルを向上させることが可能である（図6.1a, b）．一般に，種間でのニッチの相補的な利用および優占種の存在によって，種を多く含む群集ほど生態系機能のレベルが上がる（5.2節参照）．生物多様性と生態系機能の間にはさまざまな関係性が考えられるが（図5.1），一般的には線形（図6.1a）または飽和曲線

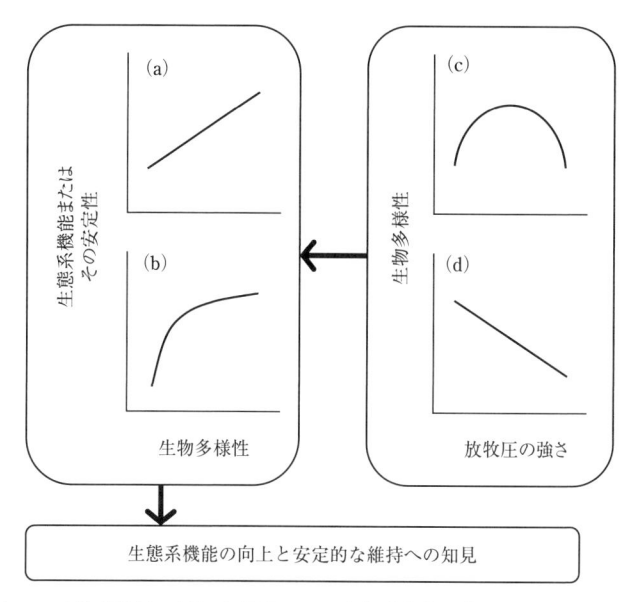

図 6.1 生物多様性の適切な管理による生態系機能の向上と安定的な維持.

(図 6.1b) となる．草原・草地においては，植物の生産量（1 次生産）を向上させることが，家畜の生産性（2 次生産）の向上にもつながる．そのため，放牧と生物多様性の関係を踏まえることで，生物多様性と生態系機能を管理することができる．たとえば，放牧と生物多様性の関係が単峰形となる場合（図 6.1c），ある程度の放牧で生物多様性を維持することによって，生態系機能のレベルを向上させるような管理が考えられる．過度な放牧あるいは放牧利用の停止（すなわちオーバーユースまたはアンダーユース，1.5 節参照）は，生物多様性の低下を招く可能性があるので回避することが望ましい．一方，放牧によって生物多様性が低下するような場合（図 6.1d）は，人間による利用によって生態系の持続性が著しく損なわれることがないように留意しながら利用しなければならない．生物多様性が大きく減少すると，放牧やその他の攪乱の影響を受けた後に生態系や群集が回復したり再構成したりすることが困難になり，生態系機能が荒廃する可能性があるからである．そのため，どの程度までであれば放牧による生態系の利用が許容されるのかを明らかにすると同時に，生物多様性を可能な限り保全することが重要である．

また，利用主体（牧畜業従事者）にとっての草原・草地の価値は，必ずしも

植物の生産量の大小だけで決まるわけではない．草原・草地に限らず，生態系機能と生態系サービスが単純な比例関係にない場合が多いことは，Cardinaleら (2012) でも指摘されている通りである．過度な放牧にさらされると，多年生のイネ科草本が優占する草原は1年生の広葉草本が優占する草原に変化することが一般的に知られている (McIntyre and Lavorel, 2001; Diaz et al., 2007)．1年生広葉草本は成長が比較的速く，1年生広葉草本が優占する群集の1次生産量は多年生イネ科草本が優占する群集の生産量と同等もしくはそれ以上となる場合も考えられる．しかし，多年生イネ科草本は家畜に対する嗜好性が高い一方で，1年生の広葉草本は嗜好性が低いため，過放牧によって草原の飼料資源としての価値は著しく劣化する (Sasaki et al., 2012)．よって，放牧による生態系機能の量の変化だけではなく，群集の構造や組成の変化も考慮する必要がある．

ここではわかりやすい例のみに限定して話を進めたが，放牧-生物多様性-生態系機能の間にはさまざまな関係性の組み合わせが考えられる．どのような条件・場所で，どういった関係性やその背景にある仕組みが存在するのかを明らかにし，生態系機能および生態系サービスの適切な管理へとつなげる必要がある．

長期的な時間スケールにおいては，生物多様性の適切な管理によって生態系機能を安定的に維持することが可能である．これは，生物多様性がさまざまな攪乱の生態系への影響を緩和し，生態系機能の持続性を高める効果をもっているためである (Yachi and Loreau, 1999; Elmqvist et al., 2003; Mori et al., 2013)．種を多く含む群集ほど攪乱に対する応答の多様性 (response diversity, Elmqvist et al., 2003; Mori et al., 2013) が高く，生態系が機能を損なわずに攪乱を吸収できる量が大きくなる．応答の多様性とは，生態系機能に対する貢献度が同じ種群（または，あらかじめ決められた機能群）における各種の攪乱に対する応答の多様さを表す指標である (Elmqvist et al., 2003)．乾燥地域の草原・草地ではとくに，干ばつ等の気候イベントが生態系に与える影響が大きい (2.3節)．このような不確実で偶発的な攪乱に対して生態系機能を担保する上で，種の応答の多様性といった生物多様性がもつ保険的な効果はとりわけ重要となる (Elmqvist et al., 2003; Mori et al., 2013)．実際，干ばつを受けた後の植物バイオマスの回復速度は種を多く含む群集ほど速いことが実験的に示されている．

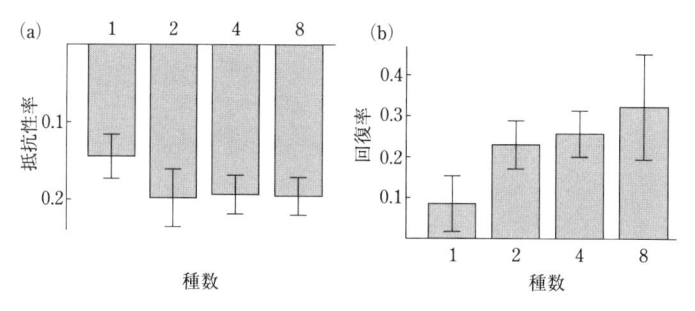

図 6.2 干ばつに対する植物バイオマスの抵抗性と回復性に対する植物種数の効果．（van Ruijven and Berendse, 2010 を改変）

van Ruijven と Berendse (2010) は，多様性の異なる草地実験系において，干ばつに対する植物バイオマスの抵抗性と回復性を検証した．多様性の減少に伴い，バイオマスの抵抗性は減少したが，この結果は攪乱前のバイオマスに強く依存していた．攪乱前のバイオマスの影響を考慮して解析すると，種数は干ばつへの抵抗性に影響を及ぼしていなかった（図 6.2a）．逆に，攪乱前のバイオマスの影響を考慮しても，種数は干ばつ後のバイオマスの回復に正の効果をもたらした（図 6.2b）．つまり種の多様性および攪乱後の応答の多様性は，攪乱後の生態系や群集の再構成や回復にとって重要であることが示唆される．草原・草地の持続的な利用に向けて生態系機能を長期的に担保することにおいても，放牧–生物多様性–生態系機能の安定性の一連の関係性（図 6.1）の理解が必要不可欠であるといえるだろう．

(2) 今後の研究の方向性

草原・草地における生物多様性と生態系機能の関係の研究は，ほとんどが野外での操作実験に基づくものである．現在までの操作実験の多くは，実際に野外で起こりうる生物多様性の消失プロセスを考慮していなかったり，生態系機能に影響を与える環境要因（たとえば，気候条件や土壌条件等）をコントロールしたりしているために，実際の野外における生物多様性と生態系機能の関係を必ずしも反映していない可能性がある．そのため，操作実験から得られた結果を実際に放牧利用されている草原・草地における生態系機能の管理や保全，それらに関する意思決定に直接応用することは難しい（Cardinale

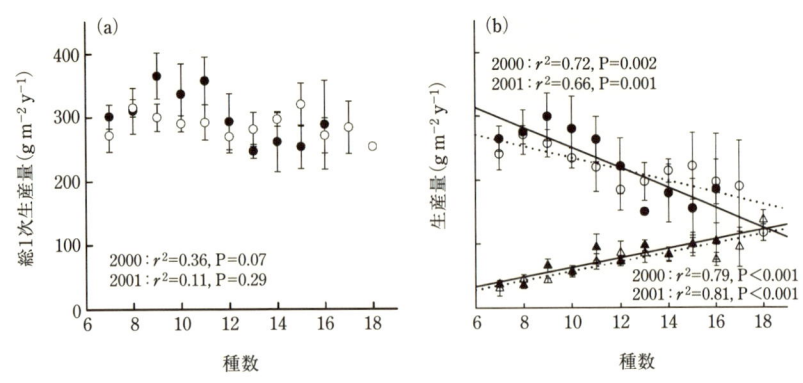

図 6.3 個体数が少ない相対的にレアな種からの消失したときの，総1次生産量，優占種および相対的にレアな種の生産量の変化．a) 観測年を通して，種が消失しても総1次生産量は減少しない（●：2000，○：2001）．b) 種の消失により相対的にレアな種の生産量（▲：2000，△：2001）が減少する一方で，優占種の生産量（●：2000，○：2001）が増加する．（Smith and Knapp, 2003 を改変）

et al., 2012).

　生態系や群集において種が消失する順序は，各種の攪乱の影響の受けやすさによって決まる（Zavaleta and Hulvey, 2004; Larsen et al., 2005; Zavaleta et al., 2009）．たとえば，一般に草原における優占種となる多年生イネ科草本は家畜への嗜好性が高く，放牧によって優先的に失われやすい．また干ばつなどの気候の変動性に対しては，バイオマスの少ない相対的にレアな種ほどより脆弱であると考えられている（Smith and Knapp, 2003; Sasaki and Lauenroth, 2011）．ゆえに，あらかじめ決められた種群から無作為に種を選択し，それらを播種もしくは移植することによって多様性を人工的に操作した実験の結果は，攪乱による多様性の変化に伴う実際の生態系機能の変化とは異なることがある．

　種の消失のしやすさに偏りがある場合，無作為に種が消失すると仮定した場合と比べて，生態系機能の急速な減少を招くことが示唆されている（Zavaleta and Hulvey, 2004; Larsen et al., 2005）．Larsen ら（2005）は，農業の集約化によってポリネータによる送粉機能が急速に失われることを示唆した．送粉者であるハチの体サイズが農業の集約化による絶滅確率と正の相関をもつと同時に，送粉効率と正の相関をもつためである．このパターンとは逆に，個体数の少ない相対的にレアな種から消失が起こった場合，生産量への貢献度の高い優

図 6.4　中国内蒙古自治区の自然草原における生物多様性操作実験サイト．

占種の多くが残存することによって生態系機能が維持されることもある (Smith and Knapp, 2003; 図 6.3)．このように，野外における実際の生物多様性と生態系機能の関係は，それぞれの種の攪乱や環境変化に対する応答の仕方と生態系機能への貢献度の違いに応じて決定される (Larsen et al., 2005; Eklöf et al., 2012)．

　今後は，放牧やその他の攪乱によって生物多様性が変化するプロセスを操作デザインに組み込んだ実験研究の蓄積が求められる．これまでの草原における生物多様性の操作実験の多くは，地域の植物種のプールからランダムに種を選択し，それらの種をまくことで実験プロットの種数レベルを操作するものであった．これは，播種による生物多様性の操作は実験処理が簡便で，実験処理以外の要因をコントロールしやすいという利点があったためである．しかし最近では，種の除去操作をベースとした生物多様性操作実験へとシフトしつつあり，さまざまな生物多様性の消失シナリオによる生態系機能およびその安定性の変化についての解明が期待される (図 6.4：中国内蒙古自治区の自然草原における操作実験サイトの例)．とくに，自然草原における種の除去操作による，実際に起こりうる種の消失を考慮した実験は，今後の環境変化に対応した次世代の生物多様性実験として非常に重要である．また，実際に起こりうる生物多様性の消失プロセスをシミュレーションし，生態系機能またはその関連指標への影響を検証するアプローチ (Larsen et al., 2005; Srinivasan et al., 2007; Veron et al., 2011; Matsuzaki et al., 2013) なども，操作実験を行うのが困難なサイト (たとえば，希少な生物種が生育していて操作を加えることが阻まれるような場合) や広い空間スケールでの生物多様性の影響評価において

6.1　草原・草地における生物多様性と生態系機能の管理

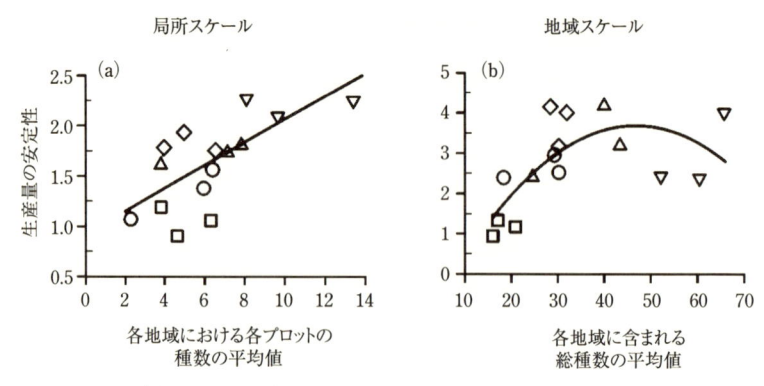

図 6.5 生物多様性と生態系機能の安定性の関係の空間スケール依存性．a) 局所スケールでは，植物種数の増加に伴い生産量の安定性が線形に増加，b) 地域スケールでは種数の増加に伴い徐々に頭打ちになっていった．記号の違いは草原タイプの違いを表す．（Chalcraft, 2013 を改変）

非常に有効である．

　放牧やその他の攪乱は生物多様性を改変することで生態系機能に影響を与えるだけでなく，生態系機能に直接的にも作用する (4.2 節)．たとえば，家畜による排泄は土壌栄養条件を大きく改変することが知られており (2.1 節)，その改変は植物の生産性や物質循環に大きく影響を与えると考えられる．生物多様性と生態系機能の因果関係は操作実験から検証することができるが，複合的な要因が絡み合う実際の野外においても生物多様性の生態系機能への効果が顕著であるかどうかは実験からでは必ずしも定かではない (Midgley, 2012; Naeem et al., 2012; Chalcraft, 2013)．草原・草地の管理および関連する政策立案上の観点からは，操作実験でみられるような生物多様性と生態系機能の関係性が，野外の自然群集かつ大きな空間スケールでも同様に観察できるか検証していかなくてはならない (Naeem et al., 2012; Chalcraft, 2013)．

　Chalcraft (2013) は，生物多様性と生態系機能の安定性の関係には空間スケール依存性があることを明らかにした．局所スケールでは，植物種数の増加に伴い生産量の安定性が線形に増加したが (図 6.5a)，地域スケールでは種数の増加に伴い徐々に頭打ちになっていった (図 6.5b)．この結果は，操作実験等の小さなスケールでみられる生物多様性と生態系機能の関係性が，大きなスケールにおいても必ずしもそのままあてはまるわけではないことを示唆して

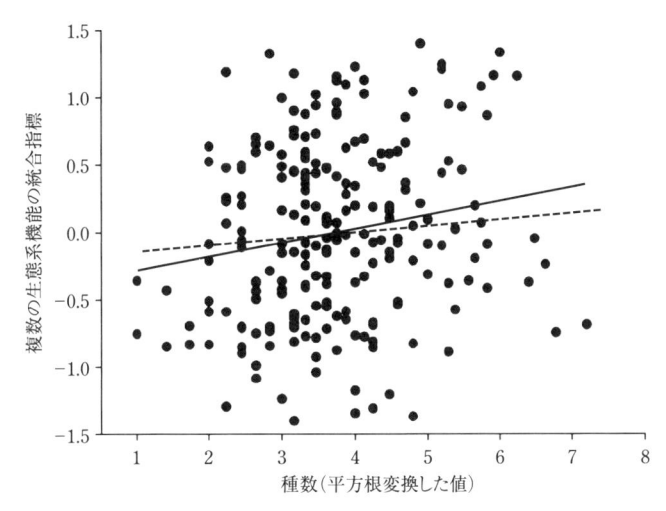

図 6.6 224 の乾燥地生態系におけるデータを対象とした,種数と複数の生態系機能を総合する指標との関係.実線は最小 2 乗法による回帰モデルの結果（P=0.009）を,破線は同時自己回帰モデルの結果（P=0.027）を表す.（Maestre et al., 2012 を改変）

いる.地域スケールでみられた生物多様性と生産量の安定性の関係は,生物多様性の減少による安定性の減少が種数の少ない地域でとりわけ顕著となることを示しており,生態系管理の上で非常に重要な知見である.また,観察から得られたデータであっても適切な統計手法を用いることで,生物多様性とそれ以外の要因が生態系機能に与える効果をある程度切り分けて検証することができる.

Maestre ら（2012）は全球規模にわたる 224 の乾燥地生態系で,生物多様性が複数の生態系機能の指標（炭素蓄積や栄養塩循環などの生態系機能を統合した指標）に与える影響を検証した.生態系機能に影響を与える生物多様性以外の共変量を考慮しても,生物多様性と生態系機能の関係には正の相関関係が認められた（図6.6）.つまり,さまざまな要因が絡み合う実際の野外においても,生物多様性は一般的に生態系機能に対して正の効果を与えていることが示唆された.また,複数の生態系機能を高めるためにはある特定の生態系機能を向上させる場合よりも多くの種が必要となり,また対象とする生態系機能の数の増加と群集における機能的な冗長性の減少に応じて,必要とな

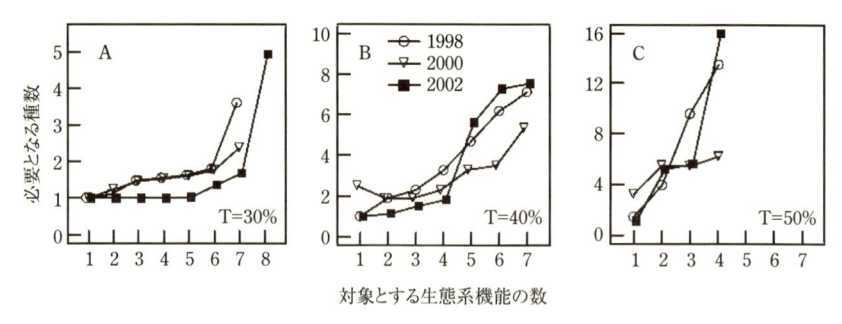

図 6.7 多くの生態系機能が発揮されるためには，より多くの種が必要となる．T は対象とする生態系機能すべてに対して，その最大値の何 % を満たすかの閾値を表す．T が大きくなると (A → C)，必要となる種数は多くなる．(Zavaleta et al., 2010 を改変)

る種数が増える（図 6.7）ことが示唆されている (Hector and Baguchi, 2007; Gamfeldt et al., 2008; Zavaleta et al., 2010)．つまり，複数の生態系機能の維持を目的とすれば，生物多様性の重要性はさらに大きくなると考えられる．操作実験による生物多様性と生態系機能の因果関係の検証と，観察データに基づく実際の野外での生物多様性と生態系機能の関係の把握を包括的に行っていくことが，草原・草地の生物多様性と生態系機能の管理にとって重要であろう．

　草原・草地における生物多様性と生態系機能の研究の実利的な動機は，いかに植物の 1 次生産，飼料資源を持続的に利用し，家畜の生産性を安定的に維持するかという問いに答えることにある．しかし，植物の 1 次生産以外にも，炭素隔離や土壌保全，花粉媒介，さらには生物多様性自体の保存といったさまざまな機能を草原・草地は保持している．可能な限り生物多様性を保全し，適切に管理していくことは，このような草原・草地のさまざまな機能の保全および持続的な利用につながるものと考えられる．

6.2　応用科学としての草原生態学の役割と課題

　以上述べてきたように，草原・草地における生物多様性と生態系機能の関係については，近年の実証研究等を通じて多くのことが明らかにされつつある．今後，より詳細にデザインされた操作実験やシミュレーション等による研究が進展すれば，生態系機能の維持に果たす生物多様性の役割という，生

態学上重要な問題についての理解がさらに進むであろう．

　同時に，こうした科学的知見の蓄積は，草原の生物多様性保全と生態系サービスの持続的利用に資する，新たな草原・草地管理技術の開発や利用計画の構築につながることが期待される．さらに，草原・草地が主に分布する乾燥地は，攪乱や気候変動に対する脆弱性の高い気候地域であることから，草原生態系の持続的管理は，グローバルな環境問題への対処という観点からもきわめて重要である．そこで最後に，応用科学としての草原生態学がこれらの問題解決に果たすべき役割と課題について展望する．

(1) 荒廃草地の修復と草原生態学の役割

　草原が主に分布する乾燥地は全陸地の4割を占め，その多くが放牧地として利用されているが，近年，市場経済化の進展や畜産物に対する需要増加に伴い，従来の放牧システムが変容し，砂漠化に代表される草原の荒廃が急速に進行している．乾燥地での人間活動は，草原を主体とする生態系の提供する各種サービス(食料・家畜飼料の供給，土壌保全，水資源の供給等)に大きく依存している．したがって，草原の荒廃防止と持続的な生産活動を両立させるためには，生態系サービスの安定的な供給が可能となるような，生態系機能の修復・再生と，それらの持続的管理が不可欠であり，修復・管理技術の開発につながる科学的知見の集積と統合が求められている．

　乾燥地において，放牧インパクトが強まり植被が減少すると，風の営力が強化されてさらに荒廃が加速するといった正のフィードバックが生じ，自然の回復が困難となる．そのため，こうした場所では利用可能な状態への速やかな植生回復をはかることが必要である．その際，単なる量的な回復だけでなく，飼料価値の高い草地への回復や土壌保全機能の向上が達成できるような，持続的土地利用の再構築を視野に入れた植生回復技術の開発が必要である．灌木等のもつ促進効果を利用した緑化手法はその一例である．

　東アジアの乾燥地では個々の灌木が砂を吸着し，土壌マウンドを形成している(図6.8)．このマウンドは成長に応じて土壌表面の粗度を増加させ，その結果，風速，砂の移動速度や土壌温度を下げる働きがあることが報告されている(Li et al., 2002)．このような環境変化は個々の灌木よりも大きな空間スケールでの植生回復をもたらすと考えられる．ところが，これまで灌木によ

図6.8 土壌マウンドを形成する *Caragana microphylla* 群落．（モンゴル・マンダルゴビ）

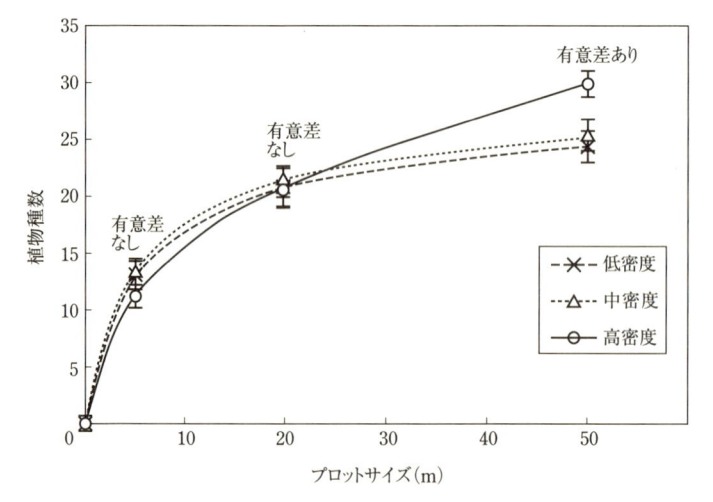

図6.9 分布密度の異なる *C. microphylla* 群落における空間スケールと出現種数の関係．（Yoshihara et al., 2010を改変）

る促進効果は個々の灌木とその周辺のように小さな空間スケールで評価した研究に集中し，広域スケールで評価したものはなかった．Yoshiharaら (2010) は，マメ科灌木 *Caragana microphylla* の促進効果が空間スケール依存であり，より広域スケールでその機能が高まっていることを示した (図6.9)．このことは，緑化植物を植栽する際には，エコシステムエンジニア（ecosystem engineer）としての機能を最適化するような植栽密度と植栽面積を設定する必要があることを示している．

飼料価値の高い草地へ回復させるためには，家畜の嗜好性や栄養価の高い

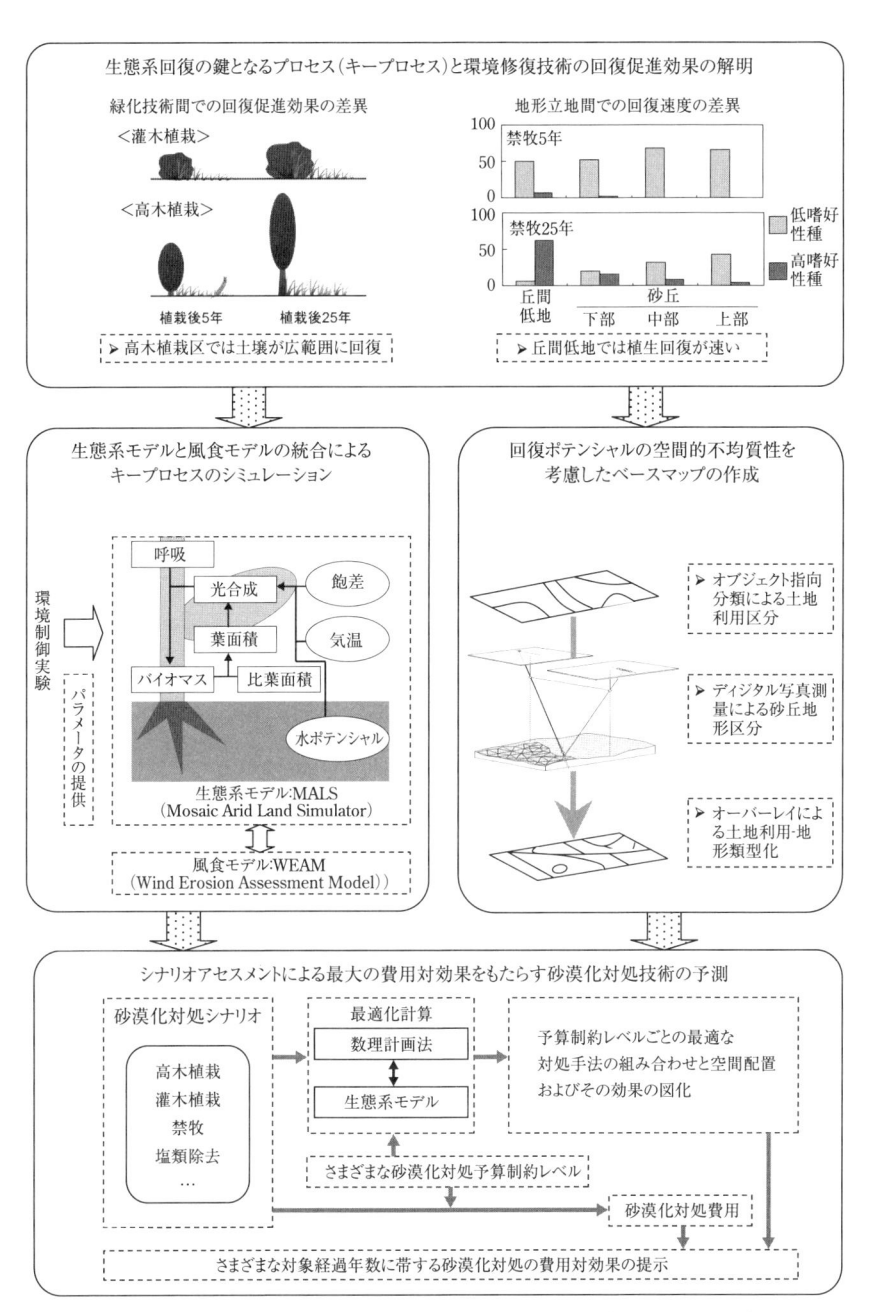

図 6.10 北東アジアの草原地域における砂漠化防止と生態系サービスの回復に関する研究のフレームワーク．（Okuro, 2010 を改変）

草種の侵入・定着を誘導する必要がある．中国・内蒙古の砂質草原の事例では，回復目標種である *Cleistogenes squarrosa* が，丘間低地やその周辺の灌木パッチ内に偏在していたことから，丘間低地を回復コアエリアとして優先的に保護することが，植生回復促進に貢献すると考えられた．このことは，種分布の空間的異質性を考慮した保全区域ゾーニングが，飼料価値の高い草地への速やかな回復に有効であることを示している（Miyasaka et al., 2014）．

このように，近年の研究の進展により，荒廃草地の回復に寄与する生態系機能に関する知見が蓄積されつつある．今後は実証的研究をさらに積み重ねて修復・管理技術の開発につなげていく必要があろう．

一方，地域の土地自然条件や社会経済状況を踏まえた，最適な環境修復技術の選択や，持続的土地利用の再構築までを視野に入れた研究はまだ少ない．とくに北東アジアのステップ地域においてはほとんど未着手であり，今後強化すべき研究分野といえる．これに関連して，著者らは環境省のプロジェクトにより，植生回復に関する実証研究と生態系モデリングを統合し，さまざまな緑化や環境修復技術の適用効果を予測・評価するためのパイロットスタディを実施した（Okuro, 2010）．まず，長期観測プロット等における野外観測データにより，緑化や禁牧等の環境修復技術の適用がどの程度回復を促進する効果があるのか，技術間で効果にどの程度違いがあるのかを明らかにした．つぎに，生態系モデルと風食モデルあるいは水分・熱・溶質移動モデルを組み合わせた統合モデルを構築した．さらに，線形計画法による費用便益算出手法により，最大の費用対効果をもたらす砂漠化対処技術の適用手法について検討を行い，最適な技術選択の組み合わせを予測する手法を開発した．本研究の成果は，生態系モデルに基づくシナリオアセスメントの手法が，最適な環境修復技術の選択に関わる意思決定に際し，科学的根拠を与える有用なツールになりうることを示している（図6.10）．今後，こうした応用研究が進めば，砂漠化対処政策に貢献しうる具体的な対処手法を，政策決定者や土地管理者にわかりやすく提示できるようになると期待される．

(2) 気候変動への適応と草原生態学の役割

乾燥地における草原生態系の動態については近年，気候変動性や空間的不均質性を前提とした非平衡モデルに基づく理解が進み，従来の平衡モデルと

の統合による新たな環境修復および放牧地管理戦略の必要性が指摘されている．しかしながら，利用圧の増加とともに気候変動の影響が懸念される中で新たな放牧地管理の手法が求められている放牧の現場においては，平衡‒非平衡概念を考慮した対策や土地利用が選択されているとはいえ，草原生態学の科学的知見，環境修復に関わる技術開発，そして現場への適用の間には依然として大きな乖離があるといわざるを得ない．そのため，気候変動性の高い環境での持続的放牧戦略の構築につながるような実証研究が必要である．同時に，こうした非平衡環境での生産活動としての牧畜，とりわけ遊牧システムの持続可能性の解明は，乾燥地の新たな持続的開発戦略 (Desert Development Paradigm, Reynolds et al, 2007) を考える上でもきわめて重要である．

著者らは，環境省プロジェクトにより，降水量の変動性が高い乾燥地を対象に，遊牧民の移動戦略に関して，理論的検証と現地聞き取り調査および禁牧柵を用いた植生調査による実証的検証を実施した．

既存研究では，牧民の資源利用が均一という単純化した想定をして，放牧地システムの動態および土地荒廃の可能性を議論している．一方で，先行研究により，牧民間の貧富の差は放牧形態の違いに影響することがわかっている．そこで，干ばつ時の移動や資源利用は，牧民の家畜頭数などの経済的状態によって異なるかを理論モデルによって予測した．具体的には，移動コストが変化した場合の遊牧民の飼養家畜頭数と移動距離の関係について，マルチエージェントモデルによるシミュレーションを行った．その結果，移動コストによって生き残る移動戦略が均一な場合と多様な場合が存在することがわかった．移動コストがかからない場合は，大規模牧民のみが残ることが推測される一方で，より現実的な想定である移動コストを想定した場合は，家畜飼養頭数の多い大規模牧民と，飼養頭数の少ない小規模牧民の2極化が進み，両者は共存することがわかった (図6.11)．また，干ばつ年に大規模牧民は長距離移動を行い，小規模牧民はそのまま留まる傾向が推定された (図6.12)．以上のことから，これまで放牧地システム動態を検証する上で均一と想定されていた遊牧民の移動戦略には，異なる空間スケールを利用したパターンが存在していることが理論的に示された (Okayasu et al., 2010)．

つぎに，降水量の変動性が高いモンゴル南部の乾燥地を対象に，牧民への聞き取り調査と草地資源の空間分布に関する調査を行った．その結果，牧民

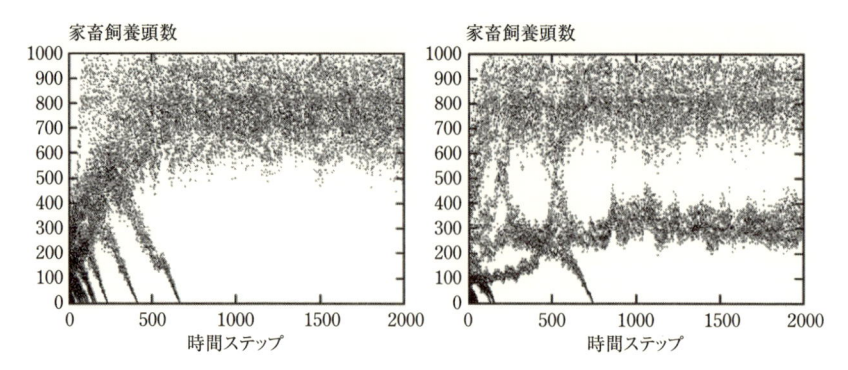

図 6.11 マルチエージェントモデルによるシミュレーションの結果. 左: 大規模牧民のみが残るケース (移動コスト 0), 右: 大規模・小規模牧民が共存するケース (移動コスト 1500). (Okayasu et al., 2010 を改変)

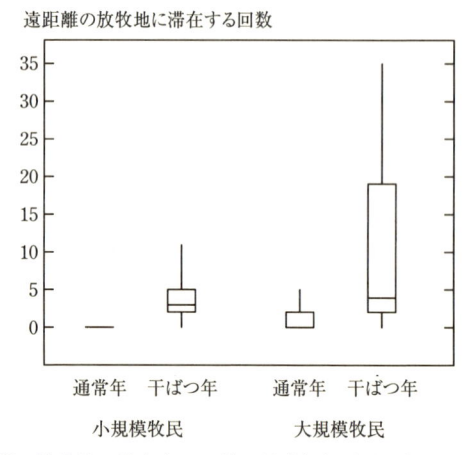

図 6.12 遠距離の放牧地に滞在する回数の通常年と干ばつ年間の比較. 左: 小規模牧民, 右: 大規模牧民. (Okayasu et al., 2010 を改変)

は, 家畜を少数所有して移動距離が短い「小規模・短距離移動牧民」と家畜を多数所有して移動距離が長い「大規模・長距離移動牧民」に分けられること, 同地域では Achnatherum splendens 群落が, 干ばつ時に利用される重要な資源 (key resource) となる群落であること, key resource 群落は主に小規模・短距離移動牧民によって利用されており, 放牧圧の影響を他の群落に比べ強く受けていること (図 6.13) が明らかになった.

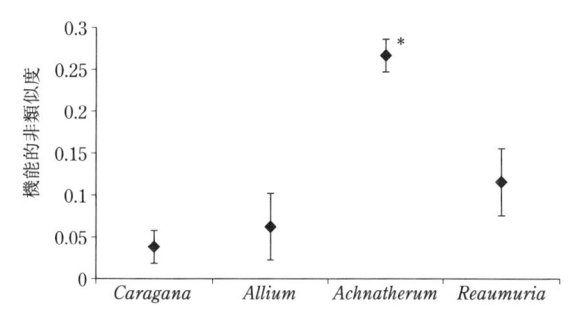

図 6.13 群落タイプごとにみた牧柵内外植生の非類似度（平均±標準誤差，*：P＜0.05 で有意）．牧柵内外の非類似度の最も大きい *Achnatherum* 群落が，放牧の影響を最も強く受けていることを示す．（Kakinuma et al., 2013 を改変）

　以上から，遊牧民は貧富の差などによって異なる空間スケールの移動戦略をとることが理論的・実証的に示され，とくに，干ばつが頻発する地域においても，key resource 群落を中心に家畜頭数の密度依存的な変化と植生の劣化が生じうることが明らかになった．この結果は，非平衡環境においても家畜頭数の制限といった放牧圧のコントロールが有効であること，小規模・短距離移動牧民のセーフティネットである key resource 群落を重点的に管理することで干ばつに対する脆弱性を低下させることができることなど，気候変動性の高い放牧地における管理のあり方を具体的に提案している点で興味深い（Kakinuma et al., 2013）．

　今後，気候変動に伴う降雨変動性の強化（干ばつ頻度の増加）等が草原生態系に及ぼす影響について予測した上で，気候変動に適応した放牧地管理・放牧戦略を再構築していくことが期待される．また，気候変動（温暖化）についてはその他にも，凍土の融解時期の変化と土壌侵食の強化，炭素循環への影響等，多様な影響とそれらへの対策・適応について研究を進めていく必要があろう．

(3) 予防的管理アプローチによる草地資源の持続的な利用に向けて

　ミレニアム生態系評価における重要な成果の 1 つとして，生態系管理における予防的管理の重要性が指摘されており，乾燥地の砂漠化対処シナリオにおいてもその点が強調されている（Millennium Ecosystem Assessment, 2005a, 2005b）．

今後，草原生態学の成果を持続的な資源利用や環境修復等の実践的課題に反映させていくためには，予防的管理につながるような生態系機能の解明や，モニタリング・評価のための基準・指標の抽出が求められよう．なかでも，土地の脆弱性に注目した長期的なリスク管理につながる砂漠化早期警戒システム（early warning system: EWS）の確立は，砂漠化対処において最も有効な予防的アプローチとされ，砂漠化対処条約・科学技術委員会においてもしばしばその重要性が指摘されてきた．

これに関連して，東京大学の研究グループは，土地の脆弱性評価に基づく砂漠化の EWS 構築に関するパイロットスタディを実施した（Takeuchi and Okayasu, 2005）．このプロジェクトでは，統合モデルをプラットフォームとして，広域スケールと局地スケールにまたがる砂漠化の基準・指標，砂漠化モニタリング・アセスメント，砂漠化 EWS と，これまで個別に議論されてきた課題の統合化を目指した（武内，2006）．まず，砂漠化の基準・指標の策定においては，フィールド調査に基づく生態学的閾値の解明（Sasaki et al., 2008）を通じて土地脆弱性の評価を行うとともに，広域観測が可能な指標と関連づけたモデリングを行い，広域スケールでのモニタリング・評価との統合化を行った．つぎに，土地脆弱性，砂漠化程度，対策手法の対費用効果等に関わるコンポーネントモデルを作成した上で，PSR（pressure-state-response）フレームワークに基づいてそれらを結びつけることで統合モデルを構築した．そして，この統合モデルによりトレンド解析とシナリオアセスメントを行った．トレンド解析では，過去数十年にわたるシミュレーションを行い，砂漠化の長期トレンドを把握した．また，シナリオアセスメントでは，まず人為圧力が生態系に及ぼす影響を評価する生態系プロセスモデルを構築し，つぎに各砂漠化対処技術の費用と生態系に与える影響を定量化し，最後に数理計画モデルを用いて，各砂漠化対処技術を組み合わせ最適な砂漠化対処の方策を，費用対効果を含め提案した．本パイロットスタディで提案された砂漠化 EWSは，乾燥地生態系の持続性に直接寄与する土地管理施策に具体的な方法と経済性を伴って貢献しうることが示された（図 6.14）．

草原・草地における生物多様性と生態系機能に関する研究は近年急速に進展し，多くのことが明らかになっている．しかしながら，こうした科学的知見と，修復・管理技術の開発や土地管理施策等の間にはまだ乖離があり，必

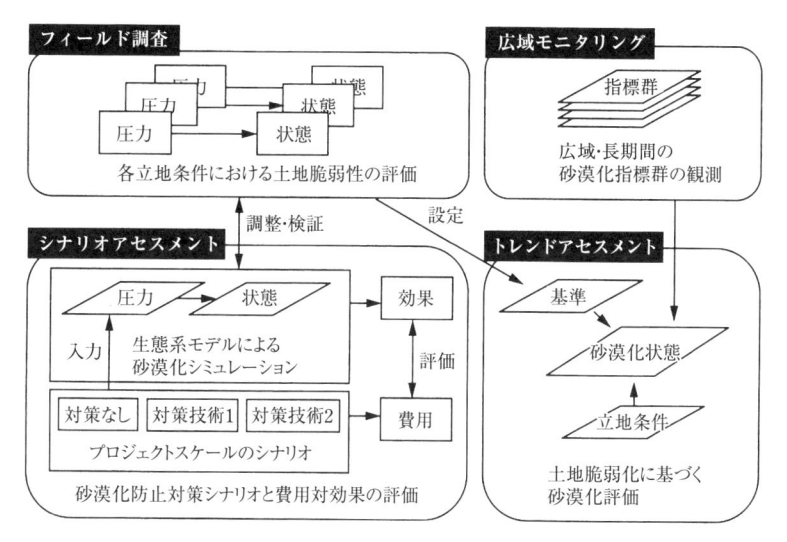

図 6.14 砂漠化早期警戒体制の流れ．（武内，2006 を改変）

ずしも有機的に結びついているとはいえない．今後，生態学的知見に基づく技術・施策の社会実装を目指すためには，草原生態系や乾燥地生態系における自然システムのみならず，社会・経済システムとの相互作用系という観点からその動態を捉える視点がより強く求められよう．

荒廃地の修復，気候変動に対する適応に加え，人口減少や産業構造の変化に伴う草地利用の再編なども重要な課題である．たとえば，日本における草原・草地は，利用形態の変化や経済価値の消失により減少の一途をたどっており，かつての状態に復元・再生することは困難であるが，一方で，重要な生態系サービスや生態系機能がまだ残されている．循環型社会・低炭素社会・自然共生社会の実現が求められている現在，新たなニーズに対応した生態系サービスを社会的な価値として草原に見出し，それらを持続的に享受できるような社会システムの構築が必要である．これは乾燥地においても同様であり，「持続可能な草地資源の利用」のあるべき姿を社会で共有する必要がある．

草原生態系の解明に関わる研究が，以上のような応用的視野をもって進められ，国際的に先導性の高い成果が日本・アジアから発信されることを期待したい．

引用文献

[はじめに]

小泉博・大黒俊哉・鞠子茂．2000．草原・砂漠の生態．共立出版，東京．

[1章]

Breman, H. and C. T. de Wit. 1983. Rangeland productivity and exploitation in the Sahel. Science, 221: 1341–1347.

EEA/UNEP. 2004. High nature value farmland - Characteristics, trends and policy challenges. EEA Report No. 1/2004, European Environment Agency, Copenhagen.

FAO (Food and Agriculture Organization of the United Nations). 1998. The State of the World's plant genetic resources for food and agriculture. FAO, Rome.

Hilbig, W. 1995. Vegetation of Mongolia. SPB Academic Publishing, Amsterdam.

Hoshino, A., K. Tamura, H. Fujimaki, M. Asano, K. Ose and T. Higashi. 2009. Effects of crop abandonment and grazing exclusion on available soil water and other soil properties in a semi-arid Mongolian grassland. Soil & Tillage Research, 105: 228–235.

ICCD (Convention to Combat Desertification) 2000. Traditional Knowledge. Report of the ad hoc Panel, ICCD/COP (4)/CST/2.

Licht, D. S. 1997. Ecology and Economics of the Great Plains. University of Nebraska Press, Nebraska.

Manibazar, N. and C. Sanchir. 2008. Flowers of Hustai National Park, 2nd ed. Hustai National Park.

Millennium Ecosystem Assessment (MA). 2005a. Ecosystems and Human Well-Being: Synthesis. Island Press, Washington DC.

Millennium Ecosystem Assessment (MA). 2005b. Dryland Systems. Ecosystems and Human Well-Being: Current State and Trends. pp. 623–662. Island Press, Washington DC.

Okayasu, T., M. Muto, U. Jamsran and K. Takeuchi. 2007. Spatially heterogeneous impacts on rangeland after social system change in Mongolia. Land Degradation and Development, 18: 555–566.

Prudencio, C. Y. 1993. Ring management of soils and crops in the West African semi-arid tropics: the case of the mossi farming system in Burkina Faso. Agriculture, Ecosystems and Environment, 47: 237–264.

Ramankutty, N., A. T. Evan, C. Monfreda and J. A. Foley. 2008. Farming the planet: 1. Geographic distribution of global agricultural lands in the year 2000. Global Biogeochemical Cycles, 22: GB1003.

Terborgh, J. 1986. Keystone plant resources in the tropical forest. *In*（Soule, M. E. ed.）Conservation Biology. pp. 330–344. Sinauer, Massachusetts.

Vié, J. C., C. Hilton-Taylor and S. N. Stuart. 2009. Wildlife in a Changing World: An Analysis of the 2008 IUCN Red List of Threatened Species. IUCN, Gland, Switzerland.

White, R. P., S. Murray and M. Rohweder. 2000. Pilot Analysis of Global Ecosystems（PAGE）: Grassland Ecosystems. World Resources Institute, Washington DC.

Woodward, S. 2008. Grassland Biomes. Greenwood, Westport.

Yoshihara Y., T. Y. Ito, B. Lhagvasuren and S. Takatsuki. 2008. A comparison of food resources used by Mongolian gazelles and sympatric livestock in three areas in Mongolia. Journal of Arid Environments, 72: 48–55.

赤木祥彦．1990．沙漠の自然と生活．地人書房，東京．

今岡良子．2005．モンゴルの遊牧社会の変容―資源をめぐる紛争予防の観点から．IPSHU 研究報告シリーズ・研究報告, 35: 69–89.

小泉博・大黒俊哉・鞠子茂．2000．草原・砂漠の生態．共立出版，東京．

楠本良延・平舘俊太郎・岩崎亘典・稲垣栄洋．2010．茶生産のために維持される茶草場は貴重な二次的自然の宝庫です．農業環境研究成果情報：第 26 集．

大黒俊哉．2000．休耕田・放棄水田を活用した生物多様性の保全．（宇田川武俊編：農山漁村と生物多様性）pp. 172–188．家の光協会，東京．

大黒俊哉・山本勝利・三田村強．2008．欧州連合における「自然的価値の高い農地」の選定プロセス．農村計画学会誌, 27: 38–43.

大黒俊哉・武内和彦．2010．里地里山の生態系―生態系サービスを評価する．（小宮山宏・武内和彦・住明正・花木啓祐・三村信男，編：サステイナビリティ学第 4 巻　生態系と自然共生社会）pp. 75–107．東京大学出版会，東京．

石敏俊・田中洋介・趙哈林．1998．農牧地域における土地利用の展開と沙漠化問題―中国・ホルチン沙地の事例．筑波大学農林社会経済研究, 15: 1–26.

スプレイグ D. S.・後藤厳寛・守山弘．2000．迅速測図の GIS 解析による明治初期の農村土地利用の分析．ランドスケープ研究, 63: 771–774.

スプレイグ D. S.・岩崎亘典．2004．迅速測図を用いて過去 100 年間の土地利用変化を定量的に計測する．農業環境研究成果情報：第 20 集．

武内和彦．2013．世界農業遺産（祥伝社新書 347）．祥伝社，東京．

冨田敬大．2008．ポスト社会主義モンゴル国における遊牧民と土地私有化政策―地方社会の土地利用に関する方法論的考察―．Core Ethics, 4: 213–225.

吉田順一．1982．モンゴルの遊牧における移動の理由と種類について．早稲田大学大学院文学研究科紀要, 28: 327–342.

[2章]

Abdel-Magid, A. H., G. E. Schuman and R. H. Hart. 1987. Soil bulk-density and water infiltration as affected by grazing systems. Journal of Range Management, 40: 307–309.

Adler, P. B., D. A. Raff and W. K. Lauenroth. 2001. The effect of grazing on the spatial heterogeneity of vegetation. Oecologia, 128: 465–479.

Bailey, D. W., J. E. Gross, E. A. Laca, L. R. Rittenhouse, M. B. Coughenour, D. M. Swift and P. L. Sims. 1996. Mechanisms that result in large herbivore grazing distribution patterns. Journal of Range Management, 49: 386–400.

Begon, M., J. L. Harper and C. R. Townsend. 1996. Ecology, 3rd edition. Blackwell Science, Oxford.

Bullock, J. M., B. C. Hill, J. Silvertown and M. Sutton. 1995. Gap colonization as a source of grassland community change: effects of gap size and grazing on the rate and mode of colonization by different species. Oikos, 72: 273–282.

Cole, D. N. 1995. Experimental trampling of vegetation. II. Predictors of resistance and resilience. Journal of Applied Ecology, 32: 215–224.

Čop, J., M. Vidrih and V. J. Hacin. 2009. Influence of cutting regime and fertilizer application on the botanical composition, yield and nutritive value of herbage of wet grasslands in Central Europe. Grass and Forage Science, 64: 454–465.

Cosyns, E., S. Claerbout, I. Lamoot and M. Hoffmann. 2005. Endozoochorous seed dispersal by cattle and horse in a spatially heterogeneous landscape. Plant Ecology, 178: 149–162.

Dai, X. B. 2000. Impact of cattle dung deposition on the distribution pattern of plant species in an alvar limestone grassland. Journal of Vegetation Science, 11: 715–724.

Dorrough, J., J. E. Ash and S. McIntyre. 2004. Plant responses to livestock grazing frequency in an Australian temperate grassland. Ecography, 27: 798–810.

Ellis, J. E. and D. M. Swift. 1988. Stability of African pastoral systems: alternate paradigms and implications for development. Journal of Range Management, 41: 450–459.

Fahrig, L., J. Baudry, L. Brotons, F. G. Burel, T. O. Crist, R. J. Fuller, C. Sirami, G. M. Siriwardena and J. L. Martin. 2011. Functional landscape heterogeneity and animal biodiversity in agricultural landscapes. Ecology Letters, 14: 101–112.

Fernandez-Gimenez, M. E. and B. Allen-Diaz. 1999. Testing a non-equilibrium model of rangeland vegetation dynamics in Mongolia. Journal of Applied Ecology, 36: 871–885.

Freer, M. 1981. The control of food intake by grazing animals. In (Morley, F. H. W., ed.) Grazing Animals. pp. 105–124. Elsevier, Amsterdam.

Fuhlendorf, S. D. and D. M. Engle. 2001. Restoring heterogeneity on rangelands: ecosystem management based on evolutionary grazing patterns. Bioscience, 51: 625–632.

Gibson, D. J. 2009. Grasses and Grassland Ecology. Oxford University Press, Oxford.

Higgins, K. F. 1984. Lightning fires in North Dakota grasslands and in pine-savanna lands of South Dakota and Montana. Journal of Range Management, 37: 100–103.

Jacob, J. 2003. Short-term effects of farming practices on populations of common voles. Agriculture, Ecosystems and Environment, 95: 321–325.

Jones, C. G., J. H. Lawton and M. Shachak. 1994. Organisms as ecosystem engineers. Oikos, 69: 373–386.

Kohler, F., F. Gillet, J. M. Gobat and A. Buttler. 2004. Seasonal vegetation changes in mountain pastures due to simulated effects of cattle grazing. Journal of Vegetation Science, 15: 143–150.

Kruess, A. and T. Tscharntke. 2002. Contrasting responses of plant and insect diversity to variation in grazing intensity. Biological Conservation, 106: 293–302.

Laycock, W. A. and R. O. Harniss. 1974. Trampling damage on native forb-grass ranges grazed by sheep and cattle. Proceedings of the 12th International Grassland Congress. Grassland Utilization 1. Moscow, USSR. 349–354.

McNaughton, S. J. 1979. Grazing as an optimization process: grass-ungulate relationship in the Serengetti. American Naturalist, 113: 691–703.

Plachter, H. and U. Hampicke. 2010. Large-scale Livestock Grazing: A Management Tool for Nature Conservation. Springer, Berlin.

Questad, E. J. and B. L. Foster. 2007. Vole disturbances and plant diversity in a grassland metacommunity. Oecologia, 153: 341–351.

Richards, J. H., M. M. Caldwell and B. E. Olson. 1987. Plant production following grazing: carbohydrates, meristems and tiller survival over winter. Proceedings Symposium Monitoring Animal Performance and Production, Society for Range Management, 8–11.

Rook, A. J., B. Dumont, J. Isselstein, K. Osoro, M. F. WallisDeVries, G. Parente and J. Mills. 2004. Matching type of livestock to desired biodiversity outcomes in pastures — a review. Biological Conservation, 119: 137–150.

Sasaki, T., T. Okayasu, T. Ohkuro, Y. Shirato, U. Jamsran and K. Takeuchi. 2009. Rainfall variability may modify the effects of long-term exclosure on vegetation in Mandalgobi, Mongolia. Journal of Arid Environments, 73: 949–954.

Sasaki, T., K. Kakinuma and Y. Yoshihara. 2013. Marmot disturbance drives trait variations among five dominant grasses in a Mongolian grassland. Rangeland Ecology and Management, 66: 487–491.

Sasaki, T. and Y. Yoshihara. 2013. Local-scale disturbance by Siberian marmots has little influence on regional plant richness in a Mongolian grassland. Plant Ecology, 214: 29–34

Schellberg, J., B. M. Moseler, W. Kuhbauch and I. F. Rademacher. 1999. Long-term effects of fertilizer on soil nutrient concentration, yield, forage quality and floristic composition of a hay meadow in the Eifel mountains, Germany. Grass and Forage Science, 54: 195–207.

Scherber, C., N. Eisenhauer, W. W. Weisser, B. Schmid, W. Voigt, M. Fischer et al. 2010. Bottom-up effects of plant diversity on multitrophic interactions in a biodiversity experiment. Nature, 468: 553–556.

Tews, J., U. Brose, V. Grimm, K. Tielborger, M. C. Wichmann, M. Schwager and F. Jeltsch. 2004. Animal species diversity driven by habitat heterogeneity/diversity: the importance of keystone structures. Journal of Biogeography, 31: 79–92.

Turner, M. G., R. H. Gardner and R. V. O'Neill. 2001. Landscape Ecology in Theory and Practice. Pattern and Process. Springer, New York.

Vallentine, J. F. 2001. Grazing Management. Academic Press, San Diego.

Yoshihara, Y., T. Y. Ito, B. Lhagvasuren and S. Takatsuki. 2008. A comparison of food resources used by Mongolian gazelles and sympatric livestock in three areas in Mongolia. Journal of Arid Environments, 72: 48–55.

Yoshihara, Y. 2010. Integrating ecosystem engineering and spatial heterogeneity concepts: toward biologically diverse Mongolian steppe. Global Environmental Research, 14: 55–62.

Yoshihara, Y., T. Okuro, B. Buuveibaatar, U. Jamsran and K. Takeuchi. 2010a. Clustered animal burrows yield higher spatial heterogeneity. Plant Ecology, 206: 211–224.

Yoshihara, Y., T. Ohkuro, B. Buuveibaatar, J. Undarmaa and K. Takeuchi. 2010b. Spatial pattern of grazing affects influence of herbivores on spatial heterogeneity of plants and soils. Oecologia, 162: 427–434.

Yoshihara, Y., T. Okuro, B. Buuveibaatar, J. Undarmaa and K. Takeuchi. 2010c. Complementary effects of disturbance by livestock and marmots on the spatial heterogeneity of vegetation and soil in a Mongolian steppe ecosystem. Agriculture, Ecosystem & Environment, 135: 155–159.

Yoshihara, Y., M. Okada, T. Sasaki and S. Sato. 2014. Plant species diversity and forage quality as affected by pasture management and simulated cattle activities. Population Ecology, 56: 633–644.

山根一郎・伊藤巌・岩波悠紀・小林裕志．1980．草地農学．朝倉書店，東京．

[3章]

Batáry, P., A. Báldi, M. Sárospataki, F. Kohler, J. Verhulst, E. Knop, F. Herzog and D. Kleijn. 2010. Effect of conservation management on bees and insect-pollinated grassland plant communities in three European countries. Agriculture, Ecosystems & Environment, 136: 35–39.

Briske, D. D. 1996. Strategies of plant survival in grazed systems: a functional interpretation. In (Hodgson, J. and A. W. Illius, eds.) The Ecology and Management of Grazed Systems. pp. 37–67. CAB International, Wallingford.

Briske, D. D., S. D. Fuhlendorf and F. E. Smeins. 2006. A unified framework for assessment and application of ecological thresholds. Rangeland Ecology and Management, 59: 225–236.

Briske, D. D., B. T. Bestelmeyer, T. K. Stringham and P. L. Shaver. 2008. Recommendations for development of resilience-based state-and-transition models. Rangeland Ecology and Management, 61: 359–367

Cadotte, M. W., K. Carscadden and N. Mirotchnick. 2011. Beyond species: functional diversity and the maintenance of ecological processes and services. Journal of Applied Ecology, 48: 1079–1087.

Clegg, C. D. 2006. Impact of cattle grazing and inorganic fertiliser additions to managed grasslands on the microbial community composition of soils. Applied Soil Ecology, 31: 73–82.

Connell, J. H. 1978. Diversity in tropical rain forests and coral reefs. Science, 199: 1302–1309.

Crofts, A. and R. G. Jefferson, eds. 1999. Lowland Grassland Management Handbook. English Nature/ The Wildlife Trusts.

De Bello, F., J. Leps and M. T. Sebastia. 2006. Variations in species and functional plant diversity along climatic and grazing gradients. Ecography, 29: 801–810.

Diaz, S., I. Noy-Meir and M. Cabido. 2001. Can grazing response of herbaceous plants be predicted from simple vegetative traits? Journal of Applied Ecology, 38: 497–508.

Diaz, S., J. Fargione, F. S. Chapin and D. Tilman. 2006. Biodiversity loss threatens human well-being. PLoS Biology, 4: 1300–1305.

Diaz, S., S. Lavorel, S. McIntyre, V. Falczuk, F. Casanovess, D. G. Milchunas et al. 2007. Plant trait response to grazing - a global synthesis. Global Change Biology, 13: 313–341.

Fu, Y. B., D. Thompson, W. Willms and M. Mackay. 2005. Long-term grazing effects on genetic variability in mountain rough fescue. Rangeland Ecology and Management, 58: 637–642.

Grime, J. P. 1977. Evidence for the existence of three primary strategies in plants and its relevance to ecological and evolutionary theory. The American Naturalist, 111: 1169.

Holmes N. D., D. S. Smith and A. Johnston. 1979. Effect of grazing by cattle on the abundance of grasshoppers on fescue grassland. Journal of Range Management, 32: 310–311.

Hutton, S. A. and P. S. Giller. 2003. The effects of the intensification of agriculture on northern temperate dung beetle communities. Journal of Applied Ecology, 40: 994–1007.

Ingram, L. J., P. D. Stahl, G. E. Schuman, J. Buyer, G. F. Vance, G. K. Ganjegunte, J. W. Welker and J. Derner. 2008. Grazing impacts on soil carbon and microbial communities in a mixed-grass ecosystem. Soil Science Society of America Journal, 72: 939–948.

Jepson-Innes, K. and C. E. Bock. 1989. Response of grasshoppers (Orthoptera: Acrididae) to livestock grazing in southeastern Arizona: differences between seasons and subfamilies. Oecologia, 78: 430–431.

Kleijn, D. and T. Steinger. 2002. Contrasting effects of grazing and hay cutting on the spatial and genetic population structure of Veratrum album, an unpalatable, long-lived, clonal plant species. Journal of Ecology, 90: 360–370.

Komonen, M., A. Komonen and A. Otgonsuren. 2003. Daurian pikas (Ochotona daurica) and grassland condition in eastern Mongolia. Journal of Zoology, 259: 281–288.

Lobo, J. M., J. Hortal and F. J. Cabrero-Sañudo. 2006. Regional and local influence of grazing activity on the diversity of a semi-arid dung beetle community. Diversity and Distributions, 12: 111–123.

Matsuzaki, S. S., T. Sasaki and M. Akasaka. 2013. Consequences of the introduction of exotic and translocated species and future extirpations on the functional diversity of freshwater fish assemblages. Global Ecology and Biogeography, 22: 1071–1082.

Milchunas, D. G., O. E. Sala and W. Lauenroth. 1988. A generalized model of the effects of grazing by large herbivores on grassland community structure. American Naturalist: 87–106.

Mori, A. S., T. Furukawa and T. Sasaki. 2013. Response diversity determines the resilience of ecosystems to environmental change. Biological Reviews, 88: 349–364.

O'Neill, K. M., B. E. Olson, M. G. Rolston, R. Wallander, D. P. Larson and C. E. Seibert. 2003. Effects of livestock grazing on rangeland grasshopper (Orthoptera: Acrididae) abundance. Agriculture, Ecosystems and Environment, 97: 51–64.

Patra, A. K., L. Abbadie, A. Clays-Josserand, V. Degrange, S. J. Grayston, P. Loiseau et al. 2005. Effects of grazing on microbial functional groups involved in soil N dynamics. Ecological Monograph, 75: 65–80.

Petchey, O. L. and K. J. Gaston. 2002. Extinction and the loss of functional diversity. Proceedings of the Royal Society of London Series B: Biological Sciences, 269: 1721–1727.

Petchey, O. L. and K. J. Gaston. 2006. Functional diversity: back to basics and looking forward. Ecology Letters, 9: 741–758.

Reiss, J., J. R. Bridle, J. M. Montoya and G. Woodward. 2009. Emerging horizons in biodiversity and ecosystem functioning research. Trends in Ecology and Evolution, 24: 505–514.

Reynolds, T. D. and C. H. Trost. 1980. The response of native vertebrate populations to crested wheatgrass planting and grazing by sheep. Journal of Range Management, 33: 122–125.

Sasaki, T., S. Okubo, T. Okayasu, U. Jamsran, T. Ohkuro and K. Takeuchi. 2009. Management applicability of the intermediate disturbance hypothesis across Mongolian rangeland ecosystems. Ecological Applications, 19: 423–432.

Sasaki, T., M. Katabuchi, C. Kamiyama, M. Shimazaki, T. Nakashizuka and K. Hikosaka. 2014. Vulnerability of moorland plant communities to environmental change: consequences of realistic species loss on functional diversity. Journal of Applied Ecology, 51: 299–308.

Scheffer, M., S. Carpenter, J. A. Foley, C. Folke and B. Walker. 2001. Catastrophic shifts in ecosystems. Nature, 413: 591–596.

Smith, S. E., T. Arredondo, M. Aguiar, E. Huber-Sannwald, A. Alpuche, A. Aguado et al. 2009. Fine-scale spatial genetic structure in perennial grasses in three environments. Rangeland Ecology & Management, 62: 356–363.

Sousa, W. P. 1979. Disturbance in marine intertidal boulder fields: the nonequilibrium maintenance of species diversity. Ecology, 60: 1225–1239.

Torre, I., M. Diaz, J. Martinez-Padilla, R. Bonal, J. Vinuela and J. A. Fargallo. 2007. Cattle grazing, raptor abundance and small mammal communities in Mediterranean grasslands. Basic and Applied Ecology, 8: 565–575.

United Nations Environment Programme (UNEP). 1992. Biodiversity Country Studies: Exective Summary. New York.

Verdú, J. R., C. E. Moreno, G. Sánchez-Rojas, C. Numa, E. Galante and G. Halffter. 2007. Grazing promotes dung beetle diversity in the xeric landscape of a Mexican biosphere reserve. Biological Conservation, 140: 308–317.

Wilson, E. O. 1988. Biodiversity. National Academy Press, Washington DC.

Wright, I. J., P. B. Reich, M. Westoby, D. D. Ackerly, Z. Baruch, F. Bongers et al. 2004. The worldwide leaf economics spectrum. Nature, 428: 821–827.

Yoshihara Y., B. Chimeddorj, B. Buuueibaatar, B. Lhaquasuren and S. Takatsuki. 2008. Effects of livestock grazing on pollination on a steppe in eastern Mongolia. Biological Conservation, 141: 2376–2386.

[4章]

Altesor, A., M. Oesterheld, E. Leoni, F. Lezama and C. Rodriguez. 2005. Effect of grazing on community structure and productivity of a Uruguayan grassland. Plant Ecology, 179: 83–91.

Bestelmeyer, B. T., J. R. Brown, K. M. Havstad, R. Alexander, G. Chavez and J. E. Herrick. 2003. Development and use of state-and-transition models for rangelands. Journal of Range Management, 56: 114–126.

Bestelmeyer, B. T. 2006. Threshold concepts and their use in rangeland management and restoration: the good, the bad, and the insidious. Restoration Ecology, 14: 325–329.

Briske, D. D. 1993. Grazing optimization: a plea for a balanced perspective. Ecological Applications, 3: 24–26.

Briske, D. D., S. D. Fuhlendorf and F. E. Smeins. 2003. Vegetation dynamics on rangelands: a critique of the current paradigms. Journal of Applied Ecology, 40: 601–614.

Briske, D. D., S. D. Fuhlendorf and F. E. Smeins. 2005. State and transition models, thresholds, and rangeland health: a synthesis of ecological concepts and perspectives. Rangeland Ecology and Management, 58: 1–10.

Briske, D. D., S. D. Fuhlendorf and F. E. Smeins. 2006. A unified framework for assessment and application of ecological thresholds. Rangeland Ecology and Management, 59: 225–236.

Briske, D. D., B. T. Bestelmeyer, T. K. Stringham and P. L. Shaver. 2008. Recommendations for development of resilience-based state-and-transition models. Rangeland Ecology and Management, 61: 359–367.

Buttolph, L. P. and D. L. Coppock. 2004. Influence of deferred grazing on vegetation dynamics and livestock productivity in an Andean pastoral system. Journal of Applied Ecology, 41: 664–674.

Clements, F. E. 1936. Nature and structure of the climax. Journal of Ecology, 24: 252–284.

Davenport, D. W., D. D. Breshears, B. P. Wilcox and C. D. Allen. 1998. Viewpoint: sustainability of pinon-juniper ecosystems - a unifying perspective of soil erosion thresholds. Journal of Range Management, 51: 231–240.

DeAngelis, D. L. and J. Waterhouse. 1987. Equilibrium and nonequilibrium concepts in ecological models. Ecological Monographs, 57: 1–21.

Diaz, S., I. Noy-Meir and M. Cabido. 2001. Can grazing response of herbaceous plants be predicted from simple vegetative traits? Journal of Applied Ecology, 38: 497–508.

Dyksterhuis, E. J. 1949. Condition and management of rangeland based on quantitative ecology. Journal of Range Management, 2: 104–105.

Ellis, J. E. and D. M. Swift. 1988. Stability of African pastoral systems: alternate paradigms and implications for development. Journal of Range Management, 41: 450–459.

Elmqvist, T., C. Folke, M. Nystrom, G. Peterson, J. Bengtsson, B. Walker and J. Norberg. 2003. Response diversity, ecosystem change, and resilience. Frontiers in Ecology and the Environment, 1: 488–494.

Fay, P. A., J. D. Carlisle, A. K. Knapp, J. M. Blair and S. L. Collins. 2003. Productivity responses to altered rainfall patterns in a C4-dominated grassland. Oecologia, 137: 245–251.

Fernandez-Gimenez, M. E. and B. Allen-Diaz. 1999. Testing a non-equilibrium model of rangeland vegetation dynamics in Mongolia. Journal of Applied Ecology, 36: 871–885.

Ferraro, D. O. and M. Oesterheld. 2002. Effect of defoliation on grass growth. A quantitative review. Oikos, 98: 125–133.

Folke, C., S. Carpenter, B. Walker, M. Scheffer, T. Elmqvist, L. Gunderson and C. S. Holling. 2004. Regime shifts, resilience, and biodiversity in ecosystem management. Annual Review of Ecology, Evolution and Systematics, 35: 557–581.

Fynn, R. W. S. and T. G. O'Connor. 2000. Effect of stocking rate and rainfall on rangeland dynamics and cattle performance in a semi-arid savanna, South Africa. Journal of Applied Ecology, 37: 491–507.

Gibson, D. J. 2009. Grasses and Grassland Ecology. Oxford University Press, Oxford.

Gunderson, L. H. 2000. Ecological resilience: in theory and application. Annual Review of Ecology and Systematics, 31: 425–439.

Gunderson, L. H. and C. S. Holling. 2002. Panarchy: Understanding Transformations in Human and Natural Systems. Island Press. Washington DC.

Haferkamp, M. R. and M. D. MacNeil. 2004. Grazing effects on carbon dynamics in the northern mixed-grass prairie. Environmental Management, 33: 462–474.

Holling, C. S. 1973. Resilience and stability of ecological systems. Annual Review of Ecology and Systematics, 4: 1–23.

Illius, A. W. and T. G. O'Connor. 1999. On the relevance of nonequilibrium concepts to arid and semiarid grazing systems. Ecological Applications, 9: 798–813.

Jackson, R. D. and J. W. Bartolome. 2002. A state-transition approach to understanding nonequilibrium plant community dynamics of California grasslands. Plant Ecology, 162: 49–65.

McNaughton, S. J. 1979. Grazing as an optimization process: grass-ungulate relationships in the Serengeti. American Naturalist, 691–703.

Milchunas, D. G. and W. K. Lauenroth. 1993. Quantitative effects of grazing on vegetation and soils over a global range of environments. Ecological Monographs, 63: 327–366.

Millennium Ecosystem Assessment. 2005. Ecosystems and Human Well-being: Biodiversity Synthesis. World Resources Institute, Washington, DC.

Mori, A. S., T. Furukawa and T. Sasaki. 2013. Response diversity determines the resilience of ecosystems to environmental change. Biological Reviews, 88: 349–364.

Oesterheld, M., J. Loreti, M. Semmartin and O. E. Sala. 2001. Inter-annual variation in primary production of a semi-arid grassland related to previous-year production. Journal of Vegetation Science, 12: 137–142.

Patton, B. D., X. Dong, P. E. Nyren and A. Nyren. 2007. Effects of grazing intensity, precipitation, and temperature on forage production. Rangeland Ecology and Management, 60: 656–665.

Peterson, G. D., C. R. Allen and C. S. Holling. 1998. Ecological resilience, biodiversity, and scale. Ecosystems, 1: 6–18.

Ritchie, M. E., D. Tilman and J. M. Knops. 1998. Herbivore effects on plant and nitrogen dynamics in oak savanna. Ecology, 79: 165–177.

Sasaki, T., T. Okayasu, U. Jamsran and K. Takeuchi. 2008. Threshold changes in vegetation along a grazing gradient in Mongolian rangelands. Journal of Ecology, 96: 145–154.

Sasaki, T., T. Ohkuro, U. Jamsran and K. Takeuchi. 2012. Changes in the herbage nutritive value and yield associated with threshold responses of vegetation to grazing in Mongolian rangelands. Grass and Forage Science, 67: 446–455.

Scheffer, M., S. Carpenter, J. A. Foley, C. Folke and B. Walker. 2001. Catastrophic shifts in ecosystems. Nature, 413: 591–596.

Scheffer, M. and S. R. Carpenter. 2003. Catastrophic regime shifts in ecosystems: linking theory to observation. Trends in Ecology and Evolution, 18: 648–656.

Schönbach, P., H. Wan, M. Gierus, Y. Bai, K. Müller, L. Lin et al. 2011. Grassland responses to grazing: effects of grazing intensity and management system in an Inner Mongolian steppe ecosystem. Plant and Soil, 340: 103–115.

Schönbach, P., H. Wan, M. Gierus, R. Loges, K. Müller, L. Lin et al. 2012. Effects of grazing and precipitation on herbage production, herbage nutritive value and performance of sheep in continental steppe. Grass and Forage Science, 67: 535–545.

Stringham, T. K., W. C. Krueger and P. L. Shaver. 2003. State and transition modeling: an ecological process approach. Journal of Range Management, 56: 106–113.

Suding, K. N. and R. J. Hobbs. 2009. Threshold models in restoration and conservation: a developing framework. Trends in Ecology and Evolution, 24: 271–279.

Suding, K. N., K. L. Gross and G. Houseman. 2004. Alternative states and positive feedbacks in restoration ecology. Trends in Ecology and Evolution, 19: 46–53.

Turner, C. L., T. R. Seastedt and M. I. Dyer. 1993. Maximization of aboveground grassland production:

the role of defoliation frequency, intensity, and history. Ecological Applications, 175–186.
van Staalduinen, M. A. and N. P. Anten. 2005. Differences in the compensatory growth of two co-occurring grass species in relation to water availability. Oecologia, 146: 190–199.
Walker, B. H. 1993. Rangeland ecology: understanding and managing change. Ambio, 22: 80–87.
Walker, S. and J. B. Wilson. 2002. Tests for nonequilibrium, instability, and stabilizing processes in semiarid plant communities. Ecology, 83: 809–822.
Watson, I. W., D. G. Burnside and A. M. R. Holm. 1996. Event-driven or continuous; which is the better model for managers? Rangelands Journal, 18: 351–369.
Westoby, M., B. H. Walker and I. Noy-Meir. 1989. Opportunistic management for rangelands not at equilibrium. Journal of Range Management, 42: 266–274.
Whisenant, S. G. 1999. Repairing damaged wildlands: a processorientated, landscape-scale approach. Cambridge University Press, Cambridge.
Wiens, J. A. 1984. On understanding a nonequilibrium world: myth and reality in community patterns and processes. *In*（Strong, D. R., D. Simberloff, L. Abele and A. B. Thistle, eds.）Ecological Communities: Conceptual Issues and the Evidence. pp. 439–458. Princeton University Press, Princeton.
Wu, J. and O. L. Loucks. 1995. From balance of nature to hierarchical patch dynamics: a paradigm shift in ecology. Quarterly Review of Biology, 70: 439–466.

[5章]

Cadotte, M. W., K. Carscadden and N. Mirotchnick. 2011. Beyond species: functional diversity and the maintenance of ecological processes and services. Journal of Applied Ecology, 48: 1079–1087.
Cardinale, B. J. 2011. Biodiversity improves water quality through niche partitioning. Nature, 472: 86–91.
Cardinale, B. J., J. P. Wright, M. W. Cadotte, I. T. Carroll, A. Hector, D. S. Srivastava, M. Loreau and J. J. Weis. 2007. Impacts of plant diversity on biomass production increase through time because of species complementarity. Proceedings of the National Academy of Sciences of the United States of America, 104: 18123–18128.
Cardinale, B. J., K. L. Matulich, D. U. Hooper, J. E. Byrnes, E. Duffy, L. Gamfeldt, P. Balvanera, M. I. O'Connor and A. Gonzalez. 2011. The Functional Role of Producer Diversity in Ecosystems. American Journal of Botany, 98: 572–592.
Cardinale, B. J., J. E. Duffy, A. Gonzalez, D. U. Hooper, C. Perrings, P. Venail et al. 2012. Biodiversity loss and its impact on humanity. Nature, 486: 59–67.
Cottingham, K. L., B. L. Brown and J. T. Lennon. 2001. Biodiversity may regulate the temporal variability of ecological systems. Ecology Letters, 4: 72–85.
Davenport, D. W., D. D. Breshears, B. P. Wilcox and C. D. Allen. 1998. Viewpoint: Sustainability of pinon-juniper ecosystems - a unifying perspective of soil erosion thresholds. Journal of Range

Management, 51: 231–240.

Doak, D. F., D. Bigger, E. K. Harding, M. A. Marvier, R. E. O'Malley and D. Thompson. 1998. The statistical inevitability of stability-diversity relationships in community ecology. American Naturalist, 151: 264–276.

Elmqvist, T., C. Folke, M. Nystrom, G. Peterson, J. Bengtsson, B. Walker and J. Norberg. 2003. Response diversity, ecosystem change, and resilience. Frontiers in Ecology and the Environment, 1: 488–494.

Faith, D. P. 1992. Conservation evaluation and phylogenetic diversity. Biological Conservation, 61: 1–10.

Flynn, D. F. B., N. Mirotchnick, M. Jain, M. I. Palmer and S. Naeem. 2011. Functional and phylogenetic diversity as predictors of biodiversity-ecosystem-function relationships. Ecology, 92: 1573–1581.

Folke, C., S. Carpenter, B. Walker, M. Scheffer, T. Elmqvist, L. Gunderson and C. S. Holling. 2004. Regime shifts, resilience, and biodiversity in ecosystem management. Annual Review of Ecology, Evolution and Systematics, 35: 557–581.

Gibson, D. J. 2009. Grasses and Grassland Ecology. Oxford University Press, Oxford.

Grime, J. P. 1998. Benefits of plant diversity to ecosystems: immediate, filter and founder effects. Journal of Ecology, 86: 902–910.

Hector, A., B. Schmid, C. Beierkuhnlein, M. C. Caldeira, M. Diemer, P. G. Dimitrakopoulos et al. 1999. Plant diversity and productivity experiments in European grasslands. Science, 286: 1123–1127.

Huston, M. A. 1997. Hidden treatments in ecological experiments: Re-evaluating the ecosystem function of biodiversity. Oecologia, 110: 449–460.

Isbell, F. I., H. W. Polley and B. J. Wilsey. 2009. Species interaction mechanisms maintain grassland plant species diversity. Ecology, 90: 1821–1830.

Ives, A. R., J. L. Klug and K. Gross. 2000. Stability and species richness in complex communities. Ecology Letters, 3: 399–411.

Lehman, C. L. and D. Tilman. 2000. Biodiversity, stability, and productivity in competiive communities. American Naturalist, 156: 534–552.

Loreau, M. 1998. Biodiversity and ecosystem functioning: a mechanistic model. Proceedings of the National Academy of Sciences of the United States of America, 95: 5632–5636.

Loreau, M. and A. Hector. 2001. Partitioning selection and complementarity in biodiversity experiments. Nature, 412: 72–76.

Matsuzaki, S. S., T. Sasaki and M. Akasaka. 2013. Consequences of the introduction of exotic and translocated species and future extirpations on the functional diversity of freshwater fish assemblages. Global Ecology and Biogeography, 22: 1071–1082.

Mayfield, M. M., S. P. Bonser, J. W. Morgan, I. Aubin, S. McNamara and P. A. Vesk. 2010. What does species richness tell us about functional trait diversity? Predictions and evidence for responses of species and functional trait diversity to land-use change. Global Ecology and Biogeography, 19: 423–431.

Millennium Ecosystem Assessment. 2005. Ecosystems and Human Well-being: Biodiversity Synthesis. World Resources Institute, Washington, DC.

Mori, A. S., T. Furukawa and T. Sasaki. 2013. Response diversity determines the resilience of ecosystems to environmental change. Biological Reviews, 88: 349–364.

Naeem, S., L. J. Thompson, S. P. Lawler, J. H. Lawton and R. M. Woodfin. 1994. Declining Biodiversity Can Alter the Performance of Ecosystems. Nature, 368: 734–737.

Naeem, S., M. Loreau and P. Inchausti. 2002. Biodiversity and ecosystem functioning: the emergence of a synthetic ecological framework. In (Loreau, M., S. Naeem and P. Inchausti, eds.) Biodiversity and Ecosystem Functioning, Synthesis and Perspectives. pp. 3–11. Oxford University Press, Oxford.

Petchey, O. L. and K. J. Gaston. 2002. Functional diversity (FD), species richness and community composition. Ecology Letters, 5: 402–411.

Petchey, O. L., A. Hector and K. J. Gaston. 2004. How do different measures of functional diversity perform? Ecology, 85: 847–857.

Petchey, O. L. and K. J. Gaston. 2006. Functional diversity: back to basics and looking forward. Ecology Letters, 9: 741–758.

Petchey, O. L., K. L. Evans, I. S. Fishburn and K. J. Gaston. 2007. Low functional diversity and no redundancy in British avian assemblages. Journal of Animal Ecology, 76: 977–985.

Peterson, G. D., C. R. Allen and C. S. Holling. 1998. Ecological resilience, biodiversity, and scale. Ecosystems, 1: 6–18.

Pfisterer, A. B. and B. Schmid. 2002. Diversity-dependent production can decrease the stability of ecosystem functioning. Nature, 416: 84–86.

Polley, H. W., B. J. Wilsey and J. D. Derner. 2007. Dominant species constrain effects of species diversity on temporal variability in biomass production of tallgrass prairie. Oikos, 116: 2044–2052.

Rao, C. R. 1982. Diversity and dissimilarity coefficients: a unified approach. Theoretical Population Biology, 21: 24–43.

Reich, P. B., D. Tilman, F. Isbell, K. Mueller, S. E. Hobbie, D. F. B. Flynn and N. Eisenhauer. 2012. Impacts of biodiversity loss escalate through time as redundancy fades. Science, 336: 589–592.

Sasaki, T. and W. K. Lauenroth. 2011. Dominant species, rather than diversity, regulates temporal stability of plant communities. Oecologia, 166: 761–768.

Sasaki, T., S. Okubo, T. Okayasu, U. Jamsran, T. Ohkuro and K. Takeuchi. 2009. Two-phase functional redundancy in plant communities along a grazing gradient in Mongolian rangelands. Ecology, 90: 2598–2608.

Sasaki, T., T. Ohkuro, U. Jamsran and K. Takeuchi. 2012. Changes in the herbage nutritive value and yield associated with threshold responses of vegetation to grazing in Mongolian rangelands. Grass and Forage Science, 67: 446–455.

Sasaki, T., M. Katabuchi, C. Kamiyama, M. Shimazaki, T. Nakashizuka and K. Hikosaka. 2014. Vulnerability of moorland plant communities to environmental change: consequences of realistic species loss on functional diversity. Journal of Applied Ecology, 51: 299–308.

Schleuter, D., M. Daufresne, F. Massol and C. Argillier. 2010. A user's guide to functional diversity indices. Ecological Monographs, 80: 469–484.

Tilman, D. 1999. The ecological consequences of changes in biodiversity: A search for general principles. Ecology, 80: 1455–1474.

Tilman, D. and J. A. Downing. 1994. Biodiversity and stability in grasslands. Nature, 367: 363–365.

Tilman, D., D. Wedin and J. Knops. 1996. Productivity and sustainability influenced by biodiversity in grassland ecosystems. Nature, 379: 718–720.

Tilman, D., J. Knops, D. Wedin, P. Reich, M. Ritchie and E. Siemann. 1997. The influence of functional diversity and composition on ecosystem processes. Science, 277: 1300–1302.

Tilman, D., C. L. Lehman and C. E. Bristow. 1998. Diversity-stability relationships: statistical inevitability or ecological consequence? American Naturalist, 151: 277–282.

Tilman, D., P. B. Reich, J. Knops, D. Wedin, T. Mielke and C. Lehman. 2001. Diversity and productivity in a long-term grassland experiment. Science, 294: 843–845.

Tilman, D., J. Knops, D. Wedin and P. Reich. 2002. Plant diversity and composition: effects on productivity and nutrient dynamics of experimental grasslands. In (Loreau, M., S. Naeem and P. Inchausti, eds.) Biodiversity and Ecosystem Functioning, Synthesis and Perspectives. pp. 21–35. Oxford University Press, Oxford.

Tilman, D., P. B. Reich and J. M. H. Knops. 2006. Biodiversity and ecosystem stability in a decade-long grassland experiment. Nature, 441: 629–632.

Valone, T. J. and N. A. Barber. 2008. An empirical evaluation of the insurance hypothesis in diversity-stability models. Ecology, 89: 522–531.

van der Heijden, M. G. A., R. Streitwolf-Engel, R. Riedl, S. Siegrist, A. Neudecker, K. Ineichen et al. 2006. The mycorrhizal contribution to plant productivity, plant nutrition and soil structure in experimental grassland. New Phytologist, 172: 739–752.

van Ruijven, J. and F. Berendse. 2005. Diversity-productivity relationships: Initial effects, long-term patterns, and underlying mechanisms. Proceedings of the National Academy of Sciences of the United States of America, 102: 695–700.

van Ruijven, J. and F. Berendse. 2010. Diversity enhances community recovery, but not resistance, after drought. Journal of Ecology, 98: 81–86.

Weigelt, A., J. Schumacher, C. Roscher and B. Schmid. 2008. Does biodiversity increase spatial stability in plant community biomass? Ecology Letters, 11: 338–347.

Yachi, S. and M. Loreau. 1999. Biodiversity and ecosystem productivity in a fluctuating environment:

the insurance hypothesis. Proceedings of the National Academy of Sciences of the United States of America, 96: 1463–1468.

Yoshihara Y., H. Mizuno, S. Ogura, T. Sasaki and S. Sato. 2013a. Increasing the number of plant species in a pasture improves the mineral balance of grazing beef cattle. Animal Feed Science and Technology. 179: 138–143.

Yoshihara Y., H. Mizuno, H. Yasue, N. Purevdorj and Y. T. Ito. 2013b. Nomadic grazing improves the mineral balance of livestock through the intake of diverse plant species. Animal Feed Science and Technology, 184: 80–85.

[6 章]

Cardinale, B. J., J. E. Duffy, A. Gonzalez, D. U. Hooper, C. Perrings, P. Venail et al. 2012. Biodiversity loss and its impact on humanity. Nature, 486: 59–67.

Chalcraft, D. R. 2013. Changes in ecological stability across realistic biodiversity gradients depend on spatial scale. Global Ecology and Biogeography, 22: 19–28.

Dangles, O., C. Carpio and G. Woodward. 2012. Size-dependent species removal impairs ecosystem functioning in a large-scale tropical field experiment. Ecology, 93: 2615–2625.

Diaz, S., S. Lavorel, S. McIntyre, V. Falczuk, F. Casanoves, D. G. Milchunas et al. 2007. Plant trait responses to grazing - a global synthesis. Global Change Biology, 13: 313–341.

Eklöf, J. S., C. Alsterberg, J. N. Havenhand, K. Sundback, H. L. Wood and L. Gamfeldt. 2012. Experimental climate change weakens the insurance effect of biodiversity. Ecology Letters, 15: 864–872.

Elmqvist, T., C. Folke, M. Nystrom, G. Peterson, J. Bengtsson, B. Walker and J. Norberg. 2003. Response diversity, ecosystem change, and resilience. Frontiers in Ecology and the Environment, 1: 488–494.

Gamfeldt, L., H. Hillebrand and P. R. Jonsson. 2008. Multiple functions increase the importance of biodiversity for overall ecosystem functioning. Ecology, 89: 1223–1231.

Hector, A. and R. Bagchi. 2007. Biodiversity and ecosystem multifunctionality. Nature, 448: 188–191.

Kakinuma, K., T. Okayasu, T. Sasaki, T. Okuro, U. Jamsran and K. Takeuchi. 2013. Rangeland management in highly variable environments: resource variations across the landscape mediate the impact of grazing on vegetation in Mongolia. Grassland Science, 59: 44–51.

Larsen, T. H., N. M. Williams and C. Kremen. 2005. Extinction order and altered community structure rapidly disrupt ecosystem functioning. Ecology Letters, 8: 538–547.

Li, S., Y. Harazono, H. Zhao, Z. He, X. Chang, X. Zhao, T. Zhang and T. Oikawa. 2002. Micrometeorological changes following establishment of artificially established Artemisia vegetation on desertified sandy land in the Horqin sandy land, China and their implication on regional environmental change. Journal of Arid Environments, 52: 101–119.

Maestre, F. T., J. L. Quero, N. J. Gotelli, A. Escudero, V. Ochoa, M. Delgado-Baquerizo et al. 2012.

Plant Species Richness and Ecosystem Multifunctionality in Global Drylands. Science, 335: 214–218.

Matsuzaki, S. S., T. Sasaki and M. Akasaka. 2013. Consequences of the introduction of exotic and translocated species and future extirpations on the functional diversity of freshwater fish assemblages. Global Ecology and Biogeography, 22: 1071–1082.

McIntyre, S. and S. Lavorel. 2001. Livestock grazing in subtropical pastures: steps in the analysis of attribute response and plant functional types. Journal of Ecology, 89: 209–226.

Midgley, G. F. 2012. Biodiversity and Ecosystem Function. Science, 335: 174–175.

Millennium Ecosystem Assessment. 2005a. Ecosystems and human Well-being: Current State and Trends: Findings of the Condition and Trends Working Group, Island Press, Washington DC.

Millennium Ecosystem Assessment. 2005b. Ecosystems and Human Well-being: Desertification Synthesis, World Resources Institute, Washington DC.

Miyasaka, T., T. Okuro, E. Miyamori, X. Zhao and K. Takeuchi. 2014. Effects of different restoration measures and sand-dune topography on short- and long-term vegetation restoration in northeast China. Journal of Arid Environments, 111: 1–6.

Mori, A. S., T. Furukawa and T. Sasaki. 2013. Response diversity determines the resilience of ecosystems to environmental change. Biological Reviews, 88: 349–364.

Naeem, S., J. E. Duffy and E. Zavaleta. 2012. The Functions of Biological Diversity in an Age of Extinction. Science, 336: 1401–1406.

Okayasu, T., T. Okuro, U. Jamsran and K. Takeuchi. 2010. An intrinsic mechanism for the co-existence of different survival strategies within mobile pastoralist communities. Agricultural Systems, 103: 180–186.

Okuro, T. 2010. Current status of desertification issues with special reference to sustainable provision of ecosystem services in Northeast Asia. Global Environmental Research, 14: 3–10.

Reynolds, J. F., D. M. S. Smith, E. F. Lambin, B. L. Turner II, M. Mortimore, S. P. J. Batterbury et al. 2007. Global desertification: Building a science for dryland development. Science, 316: 847–851.

Sasaki, T., T. Okayasu, U. Jamsran, and K. Takeuchi. 2008. Threshold changes in vegetation along a grazing gradient in Mongolian rangelands. Journal of Ecology, 96: 145–154.

Sasaki, T. and W. K. Lauenroth. 2011. Dominant species, rather than diversity, regulates temporal stability of plant communities. Oecologia, 166: 761–768.

Sasaki, T., T. Ohkuro, U. Jamsran and K. Takeuchi. 2012. Changes in the herbage nutritive value and yield associated with threshold responses of vegetation to grazing in Mongolian rangelands. Grass and Forage Science, 67: 446–455.

Smith, M. D. and A. K. Knapp. 2003. Dominant species maintain ecosystem function with non-random species loss. Ecology Letters, 6: 509–517.

Srinivasan, U. T., J. A. Dunne, J. Harte and N. D. Martinez. 2007. Response of complex food webs to realistic extinction sequences. Ecology, 88: 671–682.

Takeuchi, K. and T. Okayasu. 2005. Integration of benchmarks and indicators, monitoring and assessment, and early warning systems, and its application to pilot studies for desertification EWS. *In* (United Nations, ed.) Know Risk. pp. 251–253. Tudor Rose, Leicester.

van Ruijven, J. and F. Berendse. 2010. Diversity enhances community recovery, but not resistance, after drought. Journal of Ecology, 98: 81–86.

Veron, S. R., J. M. Paruelo and M. Oesterheld. 2011. Grazing-induced losses of biodiversity affect the transpiration of an arid ecosystem. Oecologia, 165: 501–510.

Yachi, S. and M. Loreau. 1999. Biodiversity and ecosystem productivity in a fluctuating environment: the insurance hypothesis. Proceedings of the National Academy of Sciences of the United States of America, 96: 1463–1468.

Yoshihara, Y., T. Sasaki, T. Okuro, J. Undarmaa and K. Takeuchi. 2010. Cross-spatial-scale patterns in the facilitative effect of shrubs and potential for restoration of desert steppe. Ecological Engineering, 36: 1719–1724.

Zavaleta, E., J. Pasari, J. Moore, D. Hernandez, K. B. Suttle and C. C. Wilmers. 2009. Ecosystem responses to community disassembly. Annals of the New York Academy of Sciences, 1162: 311–333.

Zavaleta, E. S. and K. B. Hulvey. 2004. Realistic species losses disproportionately reduce grassland resistance to biological invaders. Science, 306: 1175–1177.

Zavaleta, E. S., J. R. Pasari, K. B. Hulvey and G. D. Tilman. 2010. Sustaining multiple ecosystem functions in grassland communities requires higher biodiversity. Proceedings of the National Academy of Sciences of the United States of America, 107: 1443–1446.

武内和彦．2006．ランドスケープエコロジー．朝倉書店，東京．

索引

アルファベット

ANPP (above ground net primary productivity)　83, 84, 87
BNPP (below ground net primary productivity)　83, 88
CP (crude protein)　85
DE (digestible energy)　86
ME (metabolizable energy)　86
non-equilibrium persistent model　90, 91
PSR (pressure-state-response) フレームワーク　134
range (rangeland)　3
range model　89
state-and-transition model　91
TDN (total digestible nutrients)　86

あ行

アグロシルボパストラル　28
アグロパストラル　27
アーバスキュラー菌根菌　105
アフリカサバンナ　13
r 型戦略　41
α 多様性　61, 62
アンダーユース　1, 34, 119
安定性　89, 90, 101, 103, 104, 111–114, 121, 123–125
アンモニア酸化細菌　81
閾値　91, 92, 98, 134
1 次生産　19, 30, 82, 88, 104, 119, 120, 126
　——機能　83
1 年生広葉草本　66, 92, 120
遺伝子の多様性　69
遺伝的多様性　37, 72, 74, 113
栄養価　9, 13, 26, 42, 54, 63, 82, 84, 85, 99
エコシステムエンジニア　128
エコツーリズム　20, 21
エッジ　24
応答の多様性　120, 121
オトル　26, 31
オーバーユース　1, 30, 119
温帯草原　6, 9

か行

外在的な冗長性　104
回復速度　111, 120
外来種　37
外来牧草　9, 38
攪乱依存種　50
攪乱体制　44, 45
攪乱の履歴　104
カシミヤギ　32
過収量効果　112, 113
可消化エネルギー (DE)　86
可消化養分総量 (TDN)　86
カーチンガ　16
花粉媒介　19, 126
加法分割　61, 110
過放牧　7, 10, 30, 31, 65, 120
刈り取り　18, 19, 20, 35, 42, 63, 64, 101, 118
環境収容力　30
看護効果　22
間接効果　52
乾燥気候　2, 3, 19, 25
干ばつ　22, 26, 67, 89, 98, 101, 118, 120–122, 131, 132, 133
γ 多様性　55, 61, 62
キーストーン種　8, 13, 102, 115
キーストーン植物資源　23
機能群　72, 81, 105, 113, 120
機能形質　75–77, 104
機能的冗長性　102
機能的多様性　72–77, 104, 106, 107, 113
基盤サービス　16
供給サービス　16, 17, 22
共生　13, 22, 43
競争　3, 88, 104, 112
　——能力　34, 70, 108
　——排除　71, 73
　——優位種　50, 70, 109
共分散効果　112–114
局所スケール　55, 61, 62, 80, 124
均等度　34, 46, 55, 64, 75
空間スケール　46, 50, 61, 62, 123, 124, 127, 128,

索引　155

131, 133
空間的安定性　113
空間的異質性　42, 49, 50, 52–56, 58, 60, 62, 64,
　　130
クッション植物　9
グレイザー　7, 42
景観単位　61, 62, 71, 72
形質　57, 58, 72, 73, 75, 104–107
　　機能——　75–77, 104
系統的多様性　107, 113
穴居棲げっ歯類　57
げっ歯類　7, 8, 10, 13, 15, 24, 60, 62
　　穴居棲——　57
耕起　64
小型哺乳類　8, 12, 15, 79
コリドー　23–25
混交草原　8
混植区　110, 111

さ 行

採食行動　42
採草地　35, 54, 63, 64, 74
砂漠化対処　130, 133
散布種子　40
時間的安定性　111, 112
時空間スケール　69, 110
資源獲得　109
嗜好性　32, 33, 42, 50, 51, 65, 66, 73, 82, 84, 85,
　　104, 120, 122, 128
糸状菌　105
自然共生社会　135
自然的価値の高い農地　29
シダークリーク　105, 113
実験生態系　105, 106
室内実験生態系　109
シベリアマーモット　8, 10, 57
シミュレーションモデル　49
収量　63, 113
宿主植物　105
種子散布　43
受食性　86
種の消失の規則性　104
種の多様性　69
硝酸塩濃度　105
冗長性　103, 104, 125
正味の多様性の効果　110, 111
植生回復技術　127

植物バイオマス　99
飼料価値　34, 65, 84, 92, 93, 127, 128, 130
迅速測図　35, 36
侵略的外来種リスト　38
すそ刈り草地　36, 37
ステップ　4, 6–8, 22, 29, 30, 94, 130
生態系サービス　1, 16, 17, 20–23, 28, 82, 115,
　　118, 120, 127, 135
　　——の保全と持続的な利用　115
生態系の多様性　69
成長点　40, 41
正のフィードバック　83, 94–98, 127
生物間相互作用　72, 97, 103
生物侵入　111
生物多様性実験　106, 107
生物多様性消失　101
生物多様性条約　69
世界重要農業遺産システム（世界農業遺産）
　　19
雪害　26, 67, 89, 98
施肥　27, 34, 43, 63, 64, 101, 118
セミバリオグラム　56
セラード　14, 15, 16, 33
遷移　2, 34, 45–48, 50, 89
選択効果　107–111
選択採食　42, 50
草原切替畑農業　27
操作実験　110, 121, 123, 124, 126
叢生型　7, 12, 44
草地管理　20, 21, 57, 63, 127
草地更新　64
送粉　78, 122
相補性　109
　　——効果　107, 108, 110, 111
促進効果　71, 127, 128
促進作用　107, 111
粗タンパク質（CP）　85, 92, 94
ゾド　26

た 行

退行遷移　45
代謝エネルギー（ME）　86
多年生イネ科草本　6, 57, 66, 104, 120, 122
多様度指数　50, 75, 81
単植区　110, 111
短草草原　8, 114
炭素隔離　20, 126

炭素のシンク　99
炭素のソース　99
窒素固定　81, 105, 108
茶草場　18, 19
中規模攪乱仮説　50, 70–72
虫媒花　62
　　——植物　77, 78
調整サービス　16, 19, 20, 22
長草草原　8
直立型　44, 87
抵抗性　111, 121
デエサ　28
伝統的知識　20, 21
踏圧　39, 43, 44, 50, 79, 86, 87
土壌栄養塩類　34, 56, 58, 60
　　——濃度　42
土壌保全機能　83, 86, 94, 96, 127
トレードオフ　70

な行

内在的な冗長性　104
二酸化炭素フラックス　99
ニッチ　40, 58, 107–109, 111, 118
ネグデル　31
熱帯サバンナ　6, 12
野火　3, 12, 15, 57, 64, 89

は行

バイオマス　20, 25, 65, 83, 84, 88, 102, 105–107, 109, 112, 114, 120, 121, 122
排泄　12, 39, 42, 43, 57, 58, 63, 80, 100, 124
播種　34, 64, 104, 105, 110, 122, 123
パタゴニア　9, 30
パッチ　23–25, 40, 42, 47, 49–51, 54, 60, 74, 130
　　——処理法　53
パンパス　9, 30, 33
火入れ　2, 3, 35, 54, 64, 65
ビートルバンク　24
非平衡概念　89–91
非平衡モデル　130
費用便益　130
肥沃の島　22
風食　83, 86, 94, 95, 130
物質循環　27, 82, 86, 87, 99, 104, 124
負のフィードバック　89, 91, 94, 95, 97, 98

ブラウザー　42
プレーリー　3, 4, 8, 9, 30, 32, 33, 81
文化的サービス　16, 20, 21
分子系統樹　107
糞虫　13, 43, 80
分類群　5, 6, 75, 104, 107, 118
平衡概念　89
平衡-非平衡概念　131
平衡モデル　130
β多様性　62
ヘッジロー　24
変動係数　56, 111–113
訪花昆虫　62, 77, 78
樸叢地　35
保険仮説　113
補償作用　106
補償成長　87
ポートフォリオ効果　112, 113
ポリネータ　62, 78, 122

ま行

埋土種子　40, 65
マトリクス　23–25
ミネラル　64, 65, 85, 116, 117
ミレニアム生態系評価　16, 133
メタ解析　52, 72, 87
モザイク　23, 28, 29, 35, 42, 54, 55

や行

野生生物保護区　21
優占種　9, 16, 109, 114, 115, 118, 122
優占度　42, 69, 108
有蹄類　7, 8, 10, 13
遊牧　10, 20, 25, 26, 31, 117, 131, 133
　　——民　23
予防的管理　133

ら行

裸地　44, 45, 83
ランドスケープスケール　55
リャノス　14, 15
利用資源　108
輪換放牧　47, 53
レジリエンス　76, 77, 97–99
連続放牧　53

著者略歴

大黒俊哉（おおくろ・としや）

1965 年	宮城県に生まれる．
1990 年	東京大学大学院農学研究科修士課程修了．
現　在	東京大学大学院農学生命科学研究科・教授，農学博士．
専　門	景観生態学，緑地保全学．
主　著	『草原・砂漠の生態』（共著，2000 年，共立出版），『サステイナビリティ学 4　生態系と自然共生社会』（分担執筆，2010 年，東京大学出版会），『風に追われ水が蝕む中国の大地』（分担執筆，2011 年，学報社），Satoyama-Satoumi Ecosystems and Human Well-being（分担執筆，2012 年，United Nations University Press）ほか．

吉原　佑（よしはら・ゆう）

1979 年	東京都に生まれる．
2009 年	東京大学大学院農学生命科学研究科博士課程修了．
現　在	東北大学大学院農学研究科・助教，博士（農学）．
専　門	草地生態学．
主　著	『最新畜産ハンドブック』（分担執筆，2014 年，講談社）．

佐々木雄大（ささき・たけひろ）

1981 年	福岡県に生まれる．
2009 年	東京大学大学院農学生命科学研究科博士課程修了．
現　在	東京大学大学院新領域創成科学研究科・助教，博士（農学）．
専　門	生態系管理学．
主　著	『エコシステムマネジメント』（分担執筆，2012 年，共立出版），『生態適応科学』（分担執筆，2013 年，日経 BP 社）．

草原生態学
生物多様性と生態系機能

2015 年 4 月 1 日　初　版

［検印廃止］

著　者　大黒俊哉・吉原　佑・佐々木雄大

発行所　一般財団法人　東京大学出版会
代表者　古田元夫
　　　　153-0041　東京都目黒区駒場 4-5-29
　　　　電話 03-6407-1069　FAX 03-6407-1991
　　　　振替 00160-6-59964

印刷所　研究社印刷株式会社
製本所　誠製本株式会社

© 2015 Toshiya Okuro, Yu Yoshihara and Takehiro Sasaki
ISBN 978-4-13-062225-7　Printed in Japan

JCOPY 〈(社)出版者著作権管理機構　委託出版物〉
本書の無断複写は著作権法上での例外を除き禁じられています．複写される場合は，そのつど事前に，(社)出版者著作権管理機構（電話 03-3513-6969, FAX 03-3513-6979, e-mail:info@jcopy.or.jp）の許諾を得てください．

小宮山宏・武内和彦・住明正・花木啓祐・三村信男編
サステイナビリティ学（全5巻）──A5判／192〜224頁／各2400円

武内和彦・渡辺綱男編
日本の自然環境政策
自然共生社会をつくる──A5判／260頁／2700円

武内和彦
環境時代の構想──四六判／232頁／2300円

鷲谷いづみ・武内和彦・西田睦
生態系へのまなざし──四六判／328頁／2800円

鷲谷いづみ・鬼頭秀一編
自然再生のための生物多様性モニタリング──A5判／248頁／2400円

鷲谷いづみ・宮下直・西廣淳・角谷拓編
保全生態学の技法
調査・研究・実践マニュアル──A5判／336頁／3000円

渡辺守
生態学のレッスン
身近な言葉から学ぶ──四六判／200頁／2600円

古田元夫監修／卯田宗平編
アジアの環境研究入門
東京大学で学ぶ15講──A5判／288頁／3800円

東京大学アジア生物資源環境研究センター編
アジアの生物資源環境学
持続可能な社会をめざして──A5判／256頁／3000円

鬼頭秀一・福永真弓編
環境倫理学──A5判／304頁／3000円

ここに表示された価格は本体価格です．ご購入の際には消費税が加算されますのでご了承ください．